古生物化石图鉴

我一定要成为化石

化石形成的 12 种方法

［日］土屋健 著　［日］前田晴良 监修　姚博引 译

南海出版公司

2024・海口

前 言

化石（fossils）

地质时代的生物（古生物）遗骸以及其生活的痕迹。

——《古生物学辞典（第二版）》（日本古生物学会编纂　日本朝仓书店刊行）

一听到“化石”这两个字，你脑海中首先浮现出的是什么？是博物馆展出的恐龙骨骼标本、菊石化石，还是保存在琥珀中的昆虫，抑或是在永冻层中发现的冷冻猛犸？

在古生物学里有一个领域叫作“化石埋藏学（化石生成论）”，该领域就化石如何形成这一课题，进行了夜以继日的研究。

本书以此为主题而作。可能有人会觉得“听上去好难的样子”，打算敬而远之。

事实上，并没有想象中那么难。

“化石是如何形成的”“我也会成为化石吗”——大家都曾这么想过吧（我确信）。面对这些疑问，本书会从各个角度给出答案。这会勾起你对知识的好奇心，甚至让你觉得很有趣。本书并非读者想象中的那种专业书籍，我们的目的是以寓教于乐的方式探索化石埋藏学，让读者感受其中的奥秘。

为何骨骼会变成化石？为何菊石只剩下外壳在岩石中长眠？琥珀中的昆虫是否会像某部电影中描绘的那样有 DNA 残留？冷冻猛犸为何会是一副皱巴巴的样子？关于化石，即使是很简单的问题，我们也准备了各种各样的答案。在了解化石形成方法的同时，也请大家大胆发挥想象，“如果我成为化石，那会是什么样”。

本书由日本九州大学综合研究博物馆的前田晴良教授监修。此外，日本名古屋大学博物馆的吉田英一教授在结核（矿物集合体）方面、日本国立科学博物馆人类研究部人类史研究组的海部阳介组长从人类学角度都为本书提供了很大帮助。标本拍摄由日本茨城县自然博物馆、日本城西大学水田纪念博物馆大石化石陈列馆以及日本名古屋大学博物馆的多位工作人员共同完成。真的非常感谢诸位在百忙之中给本书提供的支持。需要特别说明的是图片部分，本书展示了许多历史性的珍贵标本图片，请大家尽情欣赏。

本书日文版由我已出版的系列图书《古生物黑皮书》的原班人马制作完成。针对本书的奇特主题，得岛笑先生为本书绘制了精美的插图，安友康博先生负责照片拍摄。土屋香女士（我的妻子）负责制图，横山明彦先生（WSB inc.）负责装帧设计。内容的编辑工作由 Do and Do Planning 的伊藤梓先生、技术评论社的大仓诚二先生完成。在此一并向各位表示感谢。

最后，非常感激购买此书的你。希望你喜欢这本以古生物学为基础，讲述了一些简单问题的《我一定要成为化石》。

如果能满足你的好奇心，那就最好不过了。

土屋健

郑重声明

本书中介绍的化石形成方法仅供参考。切勿模仿！

“适合”你的化石自测

化石是如何形成的？你想成为哪种化石？
做下面的测试，寻找属于自己的“化石人生”吧。

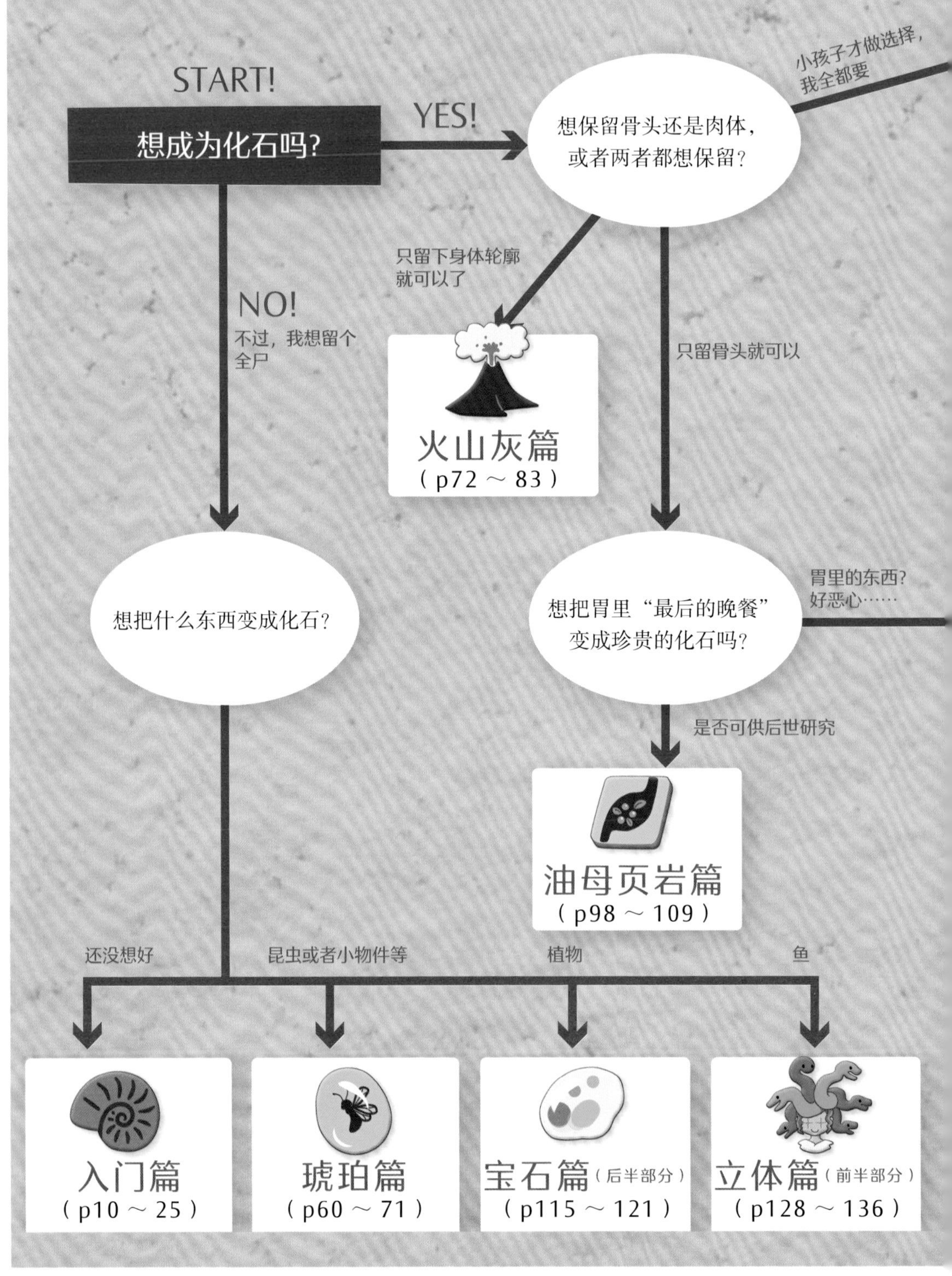

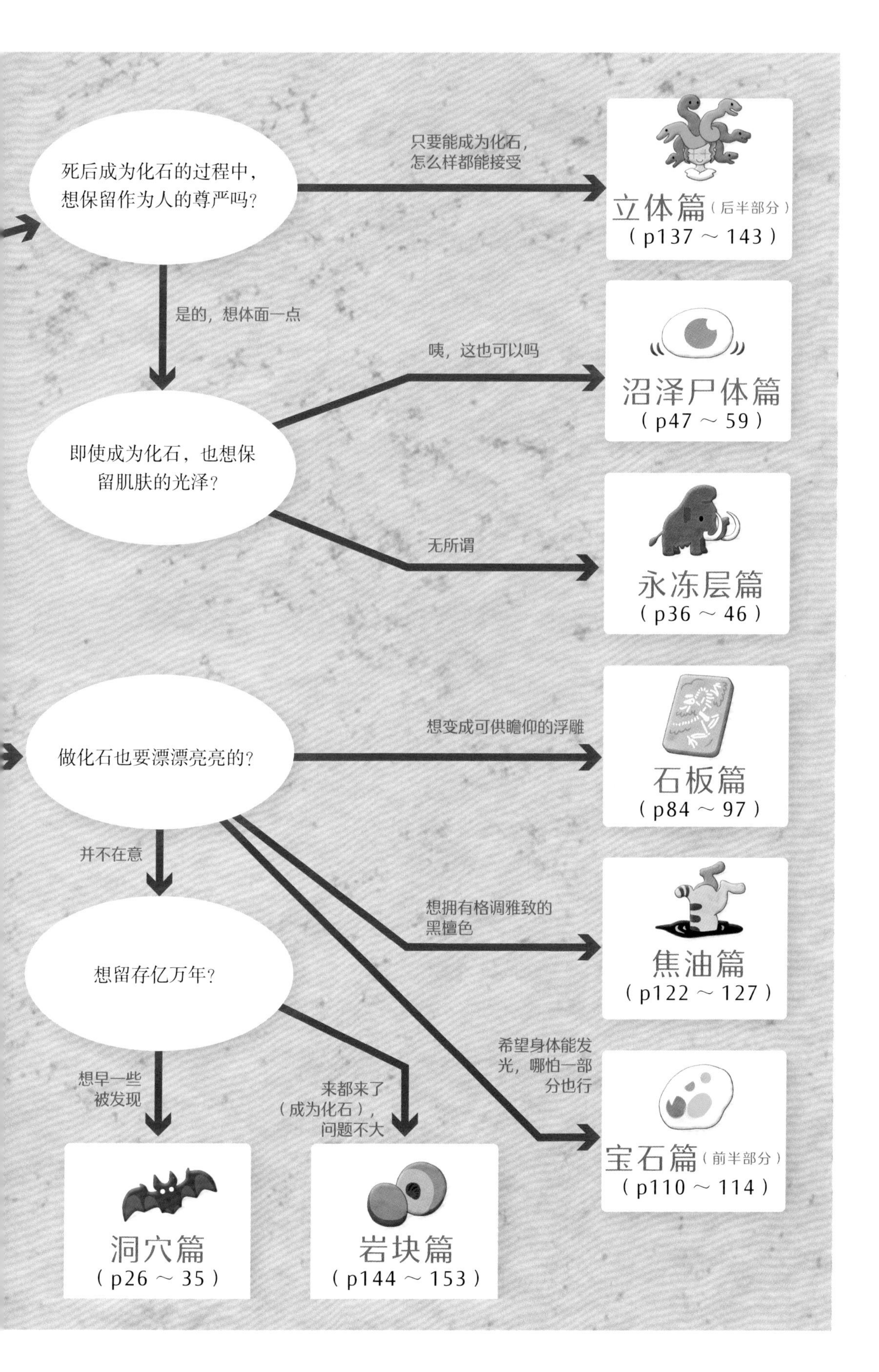

死后成为化石的过程中，想保留作为人的尊严吗？
只要能成为化石，怎么样都能接受
立体篇（后半部分）
（p137 ～ 143）
是的，想体面一点
即使成为化石，也想保留肌肤的光泽？
咦，这也可以吗
沼泽尸体篇
（p47 ～ 59）
无所谓
永冻层篇
（p36 ～ 46）
做化石也要漂漂亮亮的？
想变成可供瞻仰的浮雕
石板篇
（p84 ～ 97）
并不在意
想拥有格调雅致的黑檀色
焦油篇
（p122 ～ 127）
希望身体能发光，哪怕一部分也行
宝石篇（前半部分）
（p110 ～ 114）
想留存亿万年？
想早一些被发现
洞穴篇
（p26 ～ 35）
来都来了（成为化石），问题不大
岩块篇
（p144 ～ 153）

目 录

4 沼泽尸体篇

“醋腌”正合适

5 琥珀篇

被天然的树脂包裹

6 火山灰篇

作为铸型留存

7 石板篇

建材和室内装潢的好材料

8 油母页岩篇

用人工树脂完美保存

9 宝石篇

美丽的遗产

10 焦油篇

黑檀色之美

11 立体篇

栩栩如生的样子

12 岩块篇

岩块的时间胶囊

? 番外篇

无法重现的特殊环境

! 后记

如果你是未来的研究者

入门篇

化石形成的基本条件

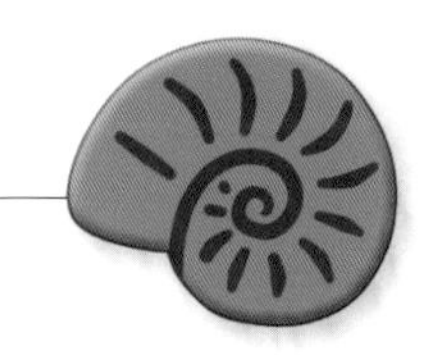

“化石”是什么

死后成为化石。

你有没有过这样的念头？当看到博物馆里展出的恐龙骨骼标本，你有没有想过“啊，我死之后装饰在它旁边也不错”？或者，你有想象过把自己珍贵的物品做成化石，被未来的人类（或者其他高等智慧生物）发现吗？

咦，你没这样想过？真的吗？那也请不要着急合上这本书。相信当读完入门篇后，你也会因为想到自己能成为化石而热血澎湃吧。

研究化石形成的过程，是古生物学中的一个领域。在研究古生物化石的基础上，了解化石是如何形成的也非常重要。该领域以古生物学为基础，名为“化石埋藏学”。

反正都要成为化石，不如试着踏进化石埋藏学的世界一探究竟，将自己变成心目中理想的化石留存下来吧！

那么，你印象中的化石到底是什么样的呢？

假如，你想把自己的骨骼装饰在恐龙复原骨架的旁边，那么在你死后只要重新将你的骨骼组装好就可以了。这就是骨骼标本，学校生物教室里常见的物品。

01
小白鼠的透明标本
透明标本是一种将软组织透明化，并对硬组织进行染色的标本。标本的骨骼位置、关节形态都一目了然。这还不是化石。

听说过透明标本[01]吗？用化学药品处理，将肌肉和其他软组织透明化，并将硬组织进行染色就成了透明标本。经验丰富的技术人员还可以将眼球等软组织分别进行染色。要想长期保存标本，必须要采取温度管控等专业措施。尽管如此，这样真的能做成美丽的标本吗？（毕竟我没有见过人类大小的大型透明标本……）

“我印象中的化石并非如此！”一想到这，我猜有人会合上这本书了。

这是理所当然的，毕竟，生物教室里的骨架、透明标本都并非化石。

那么，化石到底是什么呢？

“既然写作‘化石’，那肯定是像石头那样硬邦邦的东西。”有人会这么想吗？

确实，在变成化石的树木上轻轻敲一敲，就会听到一种类似金属声的声音。骨化石中也有那种沉甸甸、如钝器般坚硬的类型。

但是，叶化石 02 就没有石头般的硬度。

02
叶化石
细节亦保存完整的蕨类植物化石。日本栃木县那须盐原市木叶化石园馆藏标本。不硬。

03
冷冻猛犸
　　俄罗斯西伯利亚出土的长毛猛犸尤卡（Yuka）。冷冻猛犸的幼体标本，毛发保存完好，不硬。

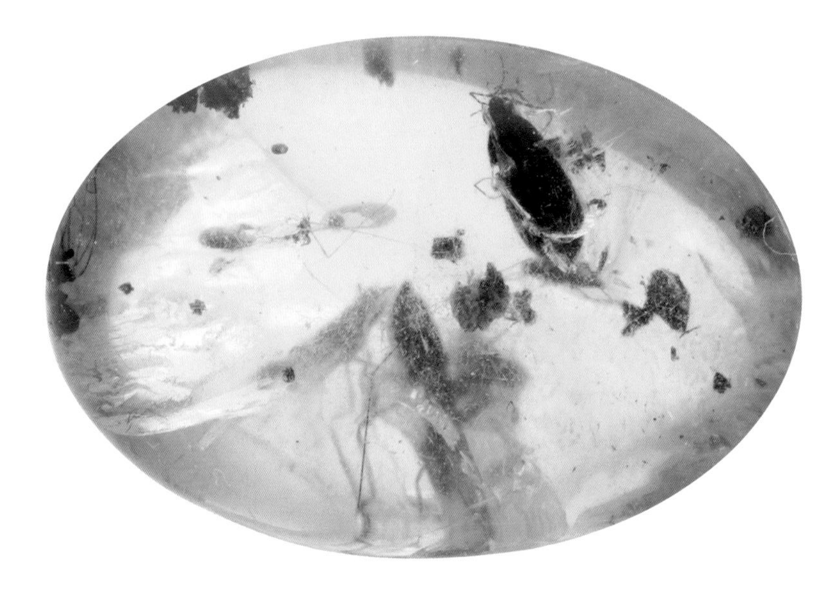

04
含有昆虫的琥珀
　　该琥珀内包裹着生活在约1亿年前的昆虫，直径约1.5厘米。昆虫化石可以保留其触角等非常细微的部分。琥珀有一定硬度，但里面的昆虫化石并不硬。来自缅甸。

除此之外，有一碰就扑簌簌碎掉的树木化石或者易碎的骨头化石，双壳类动物活着的时候外壳很坚硬，死后就变成了稍微一碰就碎掉的双壳类化石。所以，化石并不一定都像石头那样坚硬。

虽然使用的是“化石”两个字，但英语“fossil”并没有石头之意，“fossil”源自拉丁语“fossilis”，意为“被挖掘出的物品”。从这个角度理解，不一定要像石头那样硬才是化石。西伯利亚永冻层中的冷冻猛犸[03]、琥珀中的昆虫[04]等，乍一看并非石头那样坚硬的标本，但的的确确是化石。

“变成石头”这样的说法常会让人联想到化学反应，但化石的化学成分并不一定就和生前不一样。比如，菊石和三叶虫的外壳化石，大多数情况下和活着时一样，主要成分都是碳酸钙。脊椎动物骨骼化石的主要成分也大致和生前一样，以磷酸钙为主。这样的化石之所以坚硬，主要是因为骨骼或外壳内部的大小空隙被地层中的化学成分填满了。

另一种则是如硅化木[05]那样，主要成分发生了变化，形成了化石。

那么，我想再问大家一次，化石到底是什么呢?

找不到答案的时候，不妨查阅下辞典吧。日本古生物学会编纂的《古生物学辞典（第二版）》的化石词条记载：“化石是指地质时代的生物（古生物）遗骸及其生活的痕迹。”

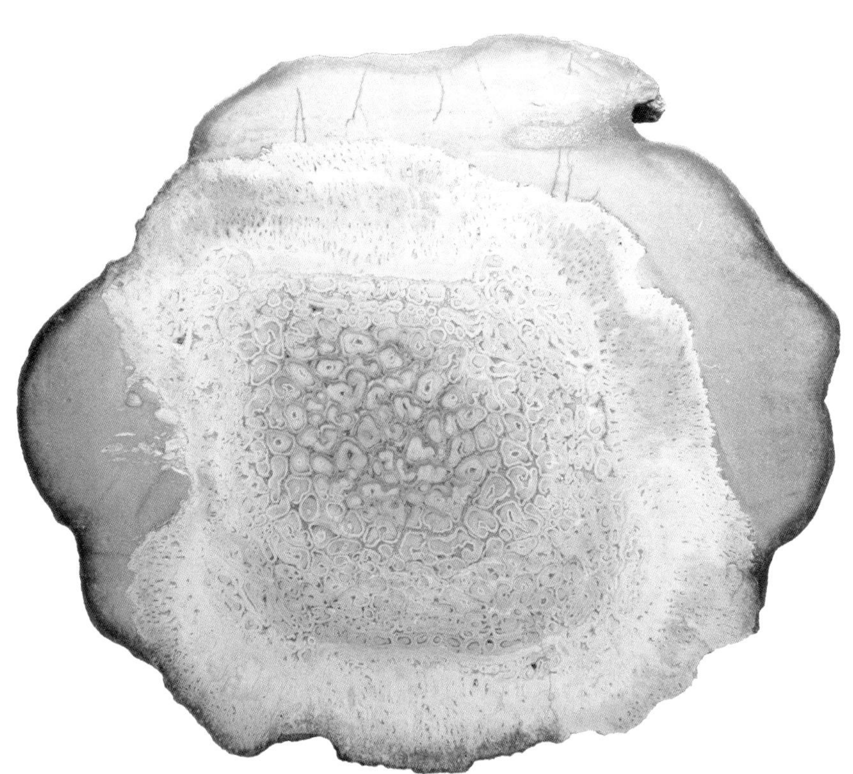

05
硅化木
2.5亿年甚至更久以前在巴西生长的铁茶树蕨（*Tietea singularis*）植物化石截面图。非常坚硬。

06
恐龙的足迹
美国亚利桑那州发现的恐龙足迹。非常壮观的化石。

词条中所说的“生物生活的痕迹”包括足迹[06]、巢穴、粪便等。也就是说如果你自己不想成为化石，留下生活过的痕迹也可以。是的，痕迹也可以被称为“化石”。

另外，既然范围是“生物”，那么就不包含人工制品。比如，陶器、石器等物品，即使是从古老的地层发掘出来的，也不能被称为“化石”。

顺便说一下，陶器、石器这类物品属于考古遗物范围，可以单纯理解为遗物，并不属于古生物学，而是属于考古范畴。人类的遗骸在文明出现之前是化石，但在文明出现之后大多都不被当作化石来看待。举个浅显易懂的例子吧，尼安德特人的遗骨是化石，但古埃及的木乃伊就不是化石。以这样的原则来看，只要你是文明时代的人，即使想变成化石，从定义上来说也只能算是遗骸。那这本书白买了吗？当然不会。请继续阅读，你将发现探索古生物世界的无限乐趣。

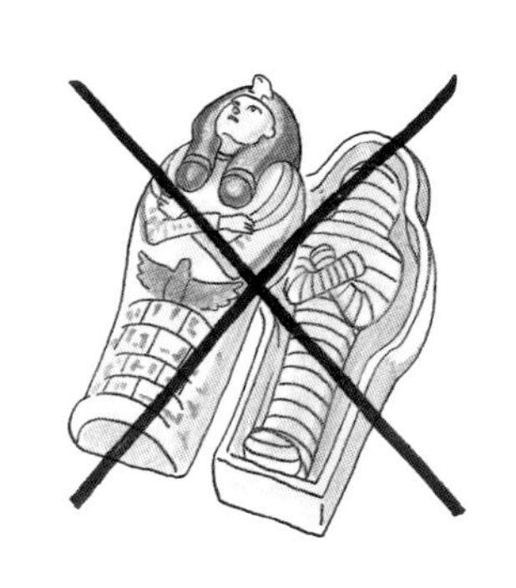

几千年前的人（主要是富裕阶层）的遗体，经过各种各样的防腐技术处理后保存下来。不属于化石。

“成为化石”合法吗

尽管你在遗书里写“我想成为化石，所以死后请将我变成化石”，但真正成为化石的路上有很多阻碍。

想要成为化石，必须在死后埋入地下。光这一点很多国家都有相关规定。

例如，日本相关法律第二章“埋葬、火葬以及改葬”中第四条规定：

禁止在墓地以外的区域埋葬遗体和骨灰。

这对成为化石形成了制约。大家都会希望“如果埋的话，那就选个自己喜欢的地方，埋下去变成化石吧”。但是在有些国家，按自己的意愿随意选择埋葬地是违法的。

所谓的埋在“墓地”，在现代并不是直接埋入地下，大多是火葬后装入骨灰盒后再埋下。以这样的形式埋葬在墓碑下用石头、混凝土做成的空间里是无法成为化石的。

保存在骨灰盒中，是无法成为化石的。想成为化石，就不能火葬。

看到这儿，估计有人会想：“那把骨灰撒掉怎么样？”这是一种将火葬后的骨灰撒在大海里或者高山上的埋葬法。将骨灰撒在大自然中，那自然也可以算埋葬吧。

撒骨灰也是非常微妙的话题。从字面意思解读，撒骨灰这种行为，好像并不属于墓地、殡葬等法律管辖的范畴，但可能会触犯日本刑法第二十四章第一百九十条规定。具体内容如下：

破坏、遗弃、占有死者遗体、遗骨、遗发或者收入棺材内的物品，将处以 3 年以下有期徒刑。

瞧，这是违法行为。

虽然死者本人已经离世，但对于帮助死者成为化石的人来说是非常麻烦的一件事。

不过，也有人认为撒骨灰要将烧掉的骨头彻底粉碎，实际说来属于灰烬，因此不涉及刑法规定的遗体、遗骨等。但不管怎么说，并不是将骨灰随便撒在哪儿就算完了，不同的国家有不同的规定。如果真要考虑撒骨灰，最好认真学习相关法律文件。

当然，对本书的广大读者而言，“彻底粉碎，完全成为骨灰”不是我们讨论的范畴。虽然我们可以通过化学分析识别出这是人类的骨灰，但灰毕竟是灰，无法还原。这样会与“想成为化石”这个愿望背道而驰。

那么，如果不是人类，应该就没有那么多讲究了吧？小时候养的乌龟死掉时，本书日文版的责任编辑曾为不能将乌龟变成化石留下来而苦恼。如果是动物的话，是不是想在哪里埋葬就可以在哪里埋葬呢？

不，法律是极其严谨的。关于动物遗骸的处理，也有相关规定。对于爱动物的人，尤其是养了两只狗狗并把它们当作家人的我来说，这也让我感到非常遗憾。

在动物陵园产业中，被处理的动物尸体不被视为废弃物。但是被埋入陵园后，就不要期望变成化石了。和人类一样，大部分的动物骨骸也被装入骨灰盒埋葬，这也不属于埋入地下的状态。

这样一来，从形式来看虽然有点遗憾，但从法律上来说是可以将动物尸体作为一般废弃物变成化石的。但不能埋在公有土地或者他人的私有土地上。根据日本环境省规定，饲养者可以将宠物埋葬在自己的私有土地上。但是，饲主面临着防腐防臭等诸多难题。我们也查询了一些相关网站，发现现实是大型动物的埋葬及处理都非常困难。

而且，在日本，如果将动物的遗体埋葬在公有土地上，还适用于日本《轻犯罪法》的以下条款：

违反公共利益随便丢弃垃圾、鸟兽尸体以及其他污染物或废弃物的人。

即使是动物，“想埋在这儿”“想让它在这儿变成化石”的想法也并不现实。

这样看来，“我想变成化石”或者“想把我的东西变成化石保留下来”在日本还是较难实现的。

因此，请各位读者将本书作为一本触发思考的娱乐图书来阅读，不要把本书当作实验指导书看待。

一定要注意。

请绝对不要模仿！

该如何死？哪些死法行不通

要成为化石必须死亡，人人都明白这一点。

不只是人类，所有动物只要活着，身体的组织就会通过新陈代谢不断更新。无论是骨头、外壳等硬组织，还是皮肤等软组织皆是如此。化石代表时间停止的状态，所以要成为化石，必须死亡，停止身体的新陈代谢。“想看看成为化石后的自己”的想法与“长大了想成为霸王龙”一样，都很难实现。

总的来讲，形成化石的步骤可概括为以下三步：

第一步：死亡；
第二步：将遗体埋入地下；
第三步：石化。

接下来，我要仔细讲解每个步骤。

首先是第一个步骤——死亡。

综上所述，只要活着就无法成为化石，因此这是必要的一步。

那么，哪种死法比较好呢？

首先，后续章节会详述事故死亡。实际上，成为化石的生物几乎没有自然死亡的，都是遇到一些意外事故导致的非自然死亡。但是，如果我们的目标是成为化石，或者想把某物变成化石的话，就不会期待事故

化石诞生的经典三步骤

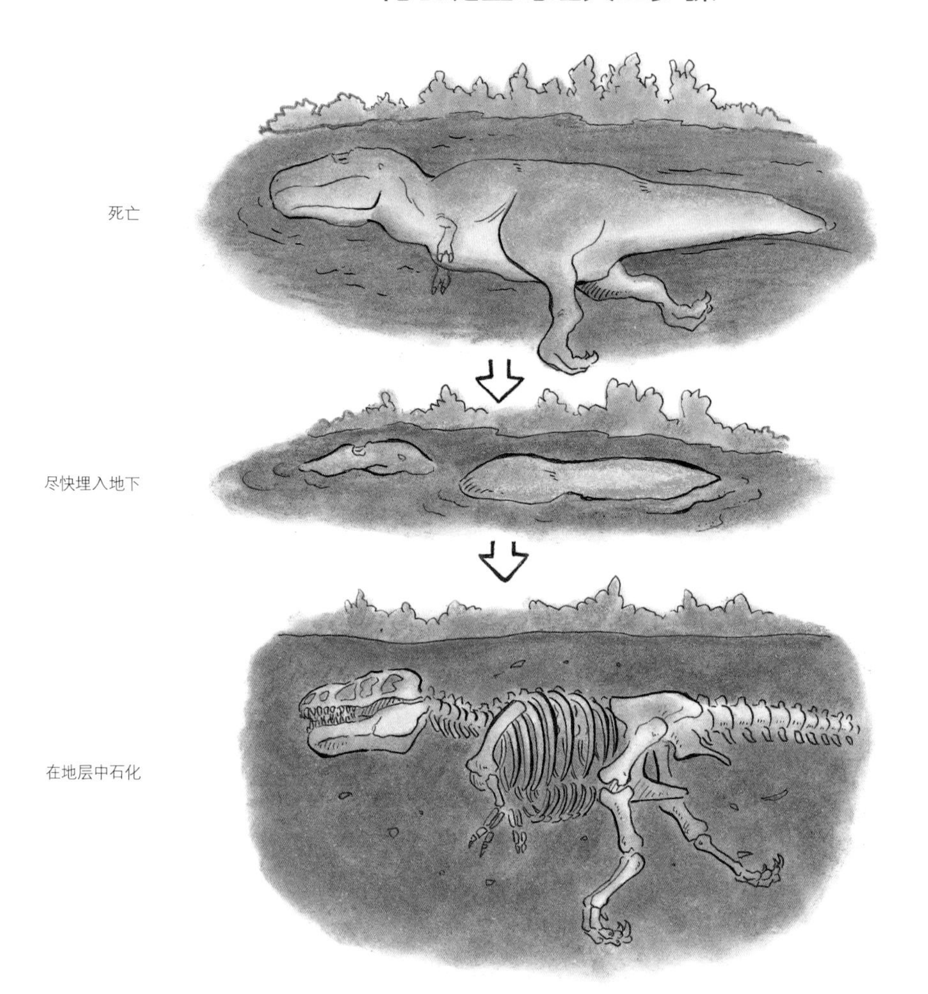

造成的意外死亡。特别是交通意外事故或高空坠落等物理性事故死亡，最好避免。在遗体埋入地下之前，有可能会遇到身体的某部分缺失、变形或者严重损坏等情况（后面也会讲到这些内容），考虑到成为化石的各个步骤，最好避免这些物理性损害。

有毒物质造成的化学性事故死亡，从某种程度上来说可能会对内脏和骨头造成严重损伤，所以也请尽量避免。同样，病故也是如此。

比起意外死亡，更要避免被肉食动物袭击造成的死亡。毕竟，那种遗体的命运最终只有一个——那就是皮被割开、肉被撕碎、骨头被咬碎，最后在肉食动物的胃里被胃酸溶解掉。在成为化石之前，遗体已所剩无几了。

遗体如被破坏，那么作为化石保存下来的可能性就非常低。

从为后世研究提供素材的层面来看，被肉食动物袭击而亡也是其中一个选项。低概率来讲，肉食动物如果在袭击其他动物后立刻死亡变成化石，其他动物的部分遗骸会同时保留下来。我想未来的研究者们会举双手欢迎吧，因为这可是研究该肉食动物习性的绝好机会。

而且，被肉食动物消化后，和其他东西从肛门一起排出体外或许也是一件好事。

没错，就是粪便。也有动物的粪便变成化石保存下来的例子，这种粪便被称为“粪化石”[07]。通过分析粪化石，我们可以了解到当时的动物都吃些什么。

原本粪便和软组织一样，难以以化石的形态保留下来。但是，考虑到特定动物一生的排泄量，如此庞大数量的排泄物里总会有一些可以成为化石保留下来。如果想作为粪化石保留下来，那就要赌一赌这微小的概率了。

除了这种奉献身体的例子外，要想“尽量保留全身变成化石”，最理想的状态是——别遭遇事故、别生病，猝死最佳。

如果想把骨头和牙齿都变成化石保留下来，就需要保持身体健康。对于脊椎动物来说，身体最硬的组成部分，也最容易变成化石的就是骨头和牙齿了。它们主要由两种物质构成，属于蛋白质的胶原蛋白和名为“磷灰石”的矿物质。

胶原蛋白决定骨头的弹性。胶原蛋白流失后，骨头会失去弹性，容

07
霸王龙（*Tyrannosaurus*）粪化石
体积2升的粪化石。里面含有快要消化掉的植食性动物的骨头。坚硬，且无异味。

易折断。

磷灰石与骨头的硬度有关。假如没有磷灰石，只剩胶原蛋白，虽然骨头有弹性，但却失去了应有的硬度。

从这两点来看，活着的时候应注意胶原蛋白和磷灰石的平衡，才能拥有结实的骨骼。其中，磷灰石的主要成分是磷酸钙，正如人们常说的那样，平时要多注意钙的摄取。

从骨头和牙齿的主要成分考虑，死后应避开火葬，因为胶原蛋白不耐热。一旦火葬，胶原蛋白会完全流失，只剩下磷灰石。这样，骨头会变脆，在成为化石的后续步骤中容易损坏。但是，火葬也有例外，这点会在后面章节详细介绍。

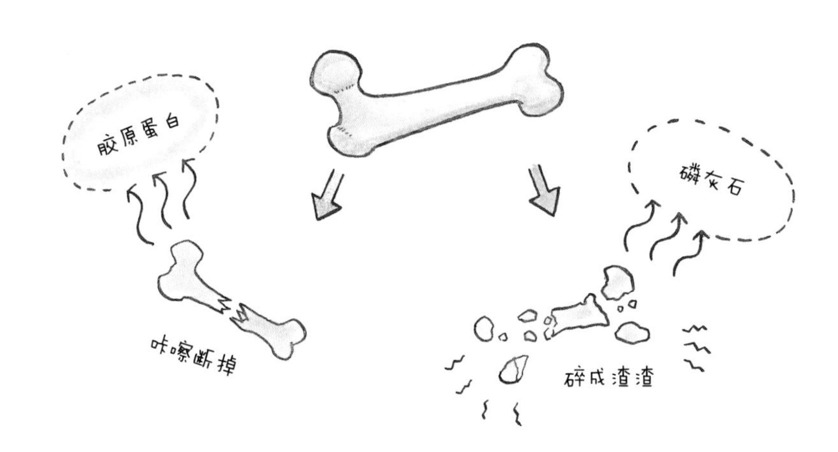

与柔韧性相关的胶原蛋白和与坚硬度有关的磷灰石，两者缺一，骨头都易损坏。

如果不埋入地下，就算不被动物攻击，也会受到侵蚀。“立刻埋掉”非常重要。

好了，没有病死也没有事故性死亡，猝死后遗体也没有被火葬，那么接下来的一步就是将遗体埋入地下了。

最重要的一点是不能长时间暴晒，要让遗体迅速地埋入地下，避免长时间曝尸荒野。

理由有几点。

第一，和之前讲的“死亡步骤”道理一样，遗体留在外面会成为肉食动物的餐食。皮被割开、肉被撕碎、骨头被咬碎，有时，部分肢体还会被肉食动物叼走。毕竟已经死亡，肯定不能逃走啦。这时，只能放弃全身变成化石的想法了。

假设我们没有遇到肉食动物，身上的肌肉、内脏等软组织大多数时候也会被微生物分解，导致骨头裸露。骨头一旦暴露在外，就会遭受风雨的侵蚀。如果雨里含有酸性物质的话，骨头会被溶解；如果风里含有砂子、泥土等细小颗粒物的话，骨头会被磨损。另外，在温差较大的地方，温度也对骨头的留存不利。

因此，要想避免这些破坏，保护好骨骼，就必须迅速地埋入土里。

那么，自然界中，死后被埋在土里的动物占比有多少呢？关于这个话题，罗纳德·E. 马丁所著的《埋葬学：过程与方法》（*Taphonomy: A Process Approach*）中记录了 20 世纪 80 年代的相关研究。根据研究结果，250 只某脊椎动物的遗骸里，被肉食动物破坏的有 150 只左右，躲避风雨被埋在地下的大约只有 50 只，也就是五分之一的概率。你可能觉得这个比例很高，但这是考虑到哪怕只留下身体一部分的计算方法。如果从一个个体到底能保留多少块骨头的角度来看，假设一个个体有 152 块骨头的话，那么能平安无事地被埋入地下的大约只有 8 块。大多数情况下，遗骸都无法全部保存下来。

而且，即使遗骸平安无事被埋入地下，我们也不能疏忽大意。地壳运动会造成地层弯曲，有时甚至会造成地壳断裂分层。从这一点来看，埋葬地最好远离火山和地震带，比如埋在大陆内部。

最后一步就是石化了，也就是取决于在地下所承受的作用。在压力、热力、周围地层化学成分等各种作用下，遗骸慢慢石化。

如果真的顺利变成了化石，最理想的事就是能早点被发现，然后被人类（或其他高等智慧生物）送到安全的地方保存起来。毕竟，好不容易成了化石，如果不被发现，那得是多大的损失啊。

如果化石埋在地层很厚的森林地带，会很难被发现。无论你带什么样的名犬，都无能为力。

要想发现化石，就必须要开发藏有化石的地层。

一般说来，在植被繁密的森林地区，由于土壤层厚，很难发现地层，化石探查也就变得困难。

相反，在植被稀疏的地区，比如荒野、土壤流失露出地层的沼泽、河岸、海岸等地反而容易发现化石。

本来“化石容易被发现”和“化石容易被破坏”就是同一状态。从地层中裸露的化石要经受风吹雨打。因此，必须尽可能在化石刚一露面就发现它。虽说荒野之地更容易找到化石，但如果选择人烟稀少的地方那就需要碰运气了。

所以，我们要认真选择葬身之地。进一步来讲，不仅仅是考虑现在，也需要预测埋葬处的未来环境会有怎样的变化。

名为“化石矿床”的最佳葬身之地

既然难得有机会变成化石，肯定尽可能想成为“优质的化石”了。也就是说，尽量保全全身。如果能留下肌肉和内脏等软组织，作为化石的稀有程度会更高。

从地层中裸露出来的那一刻开始，化石就会经受雨打风吹。因此，被发现后的采集和发掘工作非常重要。一定要快点找到……

然而，体型越大的生物，全身的化石越难被保存。比如全长超过三十米的阿根廷龙（*Argentinosaurus*）被发现时，其化石只是脊椎骨的一小部分。作为肉食恐龙的代名词，全长十二米的霸王龙化石，目前虽然全球公布了大约五十头标本，但是全身保存率超过 60% 的标本很少，且迄今为止没有超过 80% 的。数十米高的巨木化石也只留下一部分。对于这样的动植物，只有通过收集与发现部位类似的物种信息，才能推测其整体大小。

相反，不用显微镜就无法看见的那种很小很小的动物化石，倒是大多数都能保留全身结构，甚至连细节都能完整保存。后面章节会详细介绍它们的精彩之处。

为何体型越庞大的生物，化石越难保留？关于原因，我列举几个吧。

体型越大，遗骸就越容易被其他动物发现，也更易遭受破坏。埋入地中也需要花费大量的时间，在全身完全被埋入土里之前，还要经受风吹日晒。

并且，体型越大，越容易在地层中受到破坏。如果地层断裂或弯曲，化石就会因受到压力而变形。如果地壳变动小就没太大问题，但如果变动较大就会受到很大的破坏。

一旦暴露在外，化石在被发现之前有可能会受到风雨、河流等的侵蚀。

此外，前文有提到过，相比骨头、牙齿等硬组织，肌肉、内脏等软组织很难形成化石并保留下来。这些软组织在形成化石之前，大多数都会被生物分解。

1980 年出版的《脊椎动物埋藏学和古生态学中的化石（史前考古学和生态学系列）》［*Fossils in the Making Vertebrate Taphonomy and Paleoecology*（*Prehistoric Archeology and Ecology series*）］中记载了在肯尼亚察沃国家公园存放的大象尸体案例。在细菌和无脊椎动物的作用下，最初的两周时间内，肌肉和内脏会全部消失殆尽。此后三周内皮肤和韧带被全部吃光。吃光大象的皮和韧带的无脊椎动物是一种名为“皮蠹甲虫”的甲虫。

皮蠹甲虫以一天 8 千克的速度分解软组织。这种害虫还会在衣柜中啃蚀衣物。

根据该书记载，皮蠹甲虫按一天 8 千克的速度分解软组织。这样的速度绝不是健康的减肥速度，但从“只保留骨头和牙齿”这点来考虑，再也没有比这更让人安心的节奏了。

制作骨骼标本时，使用皮蠹甲虫是非常常见的。因为有它就可以不用化学药品，自然地去除动物遗骸上的软组织。如果想干干净净地去除软组织后再变成化石的话，记住这一点没有坏处。

前文解释了软组织化石难以保留的原因，但也有例外。

在某些特定的地层中，人们发现了那种保留了软组织，甚至连死前最后一餐都保存良好的优质化石。不仅仅是软组织，全身都保存良好的优质化石也是有的。而这种保存优质化石的地层被称为“化石矿床”。

如果想变成化石留在这世上，或者，想把自己最珍贵的东西做成化石保留下来，那么化石矿床可是条重要线索。本书会介绍优质化石产地和化石矿床，详细说明在那里埋藏着什么样的化石，这些化石又是以怎样的形态保存下来的，请大家不要错过……再次声明，是希望能启发大家的思考，不是让大家去实践。

那么，“死后想成为化石”的你，到底想留下什么样的化石呢？

是想保留活生生的样子，连皮肤一起保留下来吗？

是只想留下骨骼吗？

想给后世发现和发掘化石的人类（或者其他高等智慧生物）留下什么信息呢？

希望大家一边翻书，一边多多思考。

洞穴篇

人类化石产量 No.1

洞穴中保存状况良好的人类化石

对过去成功案例的研究在任何时候都非常重要。既然想成为化石，那么首先我们就要了解现存的人类化石。

近年来发现且保存状况良好的人类化石，是 2015 年 9 月南非威特沃特斯兰德大学的李 · R. 伯杰教授在报告中提到的纳莱迪人（*Homo naledi*）。在南非北部名为“明日之星”的洞穴中发现超过 1500 块化石[01]，其中包含一具完整的骨架以及至少十四个人的残骸化石。

这个纳莱迪人的全身骨架除了肋骨部分丢失外，从头到脚的其他骨头都被完整保留了下来。你可能认为“全身的骨骼当然应该留下来啦”，但你要知道，像这样完整保留的人类骨架是非常罕见的。

据伯杰团队分析，纳莱迪人的头、手掌和脚掌等都与现代人类具有相同的人属特征。另外，研究表明，纳莱迪人的肩膀、骨盆等与更古老的人类祖先南方古猿（*Australopithecus*）的特征相近。关于纳莱迪人是否真的是新人种这一点，在人类学范围内展开了非常有趣的讨论。

不过，本书关注的重点不是这个，而是纳莱迪人全身被完整保存下来的事实。

在《美国国家地理》（2015 年 9 月刊）中，详细记录了发现纳莱迪人的那个洞窟的信息。洞穴深度为 100 米，进入洞穴，穿过高度不足 25 厘米的狭窄处，以及如鲨鱼牙齿般尖锐的钟乳石和凸出的流石后，沿着 12 米长的洞穴走下去，前面有个长约 9 米，宽约 1 米的空间。

由于这条通往纳莱迪人骨骸埋葬点的道路过于狭窄，伯杰团队的男队员无法进入更深处，所以发掘工作由身材娇小的女队员负责。

这般难以行进之处为何会埋藏着如此大量的人骨，至今依然是个谜。有研究者认为，遗骸原本可能在洞穴入口附近，受到大雨的影响随着大量雨水被冲进了洞穴深处。但是，如果是被水冲到了洞穴深处，那么洞口附近的小石子也应该一块儿冲进来，但研究者却没有在纳莱迪人化石

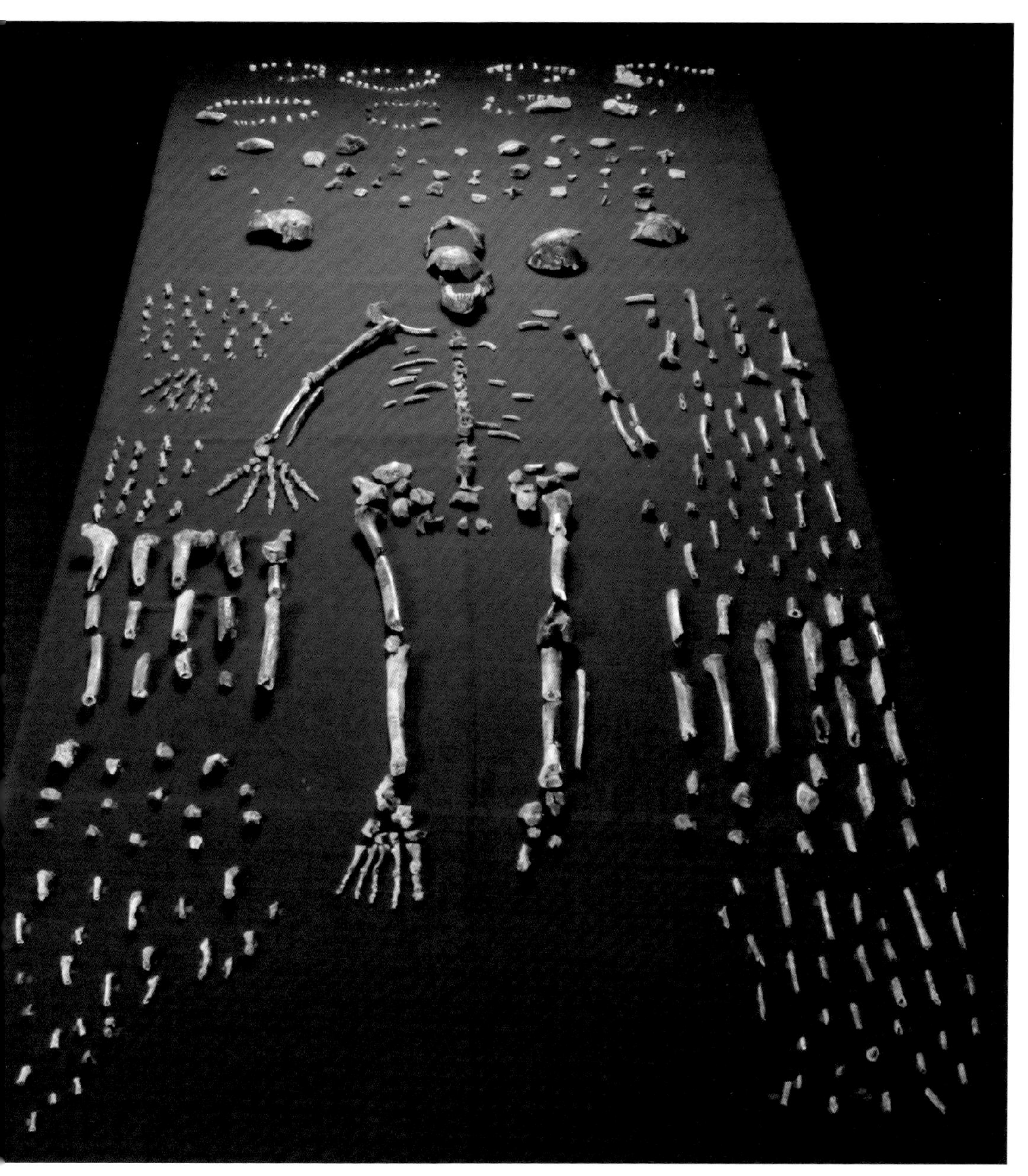

01
完美保存
保存在“明日之星”洞穴里的人类化石。各部分能保存得如此完美实属罕见。来自南非。

附近发现这样的小石子。

再举一个保存良好的人类化石的例子吧。1997 年，在南非东北部的斯托克方丹洞穴中发现了完整率超过 90% 的南方古猿化石[02]。要知道，在人类化石中，90% 的保存率已经相当高了。在发现时，这具化石被流石和角砾岩等岩石覆盖。

这两具化石的共同点，便是所处的洞穴均为石灰岩构造。钟乳石、流石等也属于石灰质地的岩石。在南非，这样的石灰岩洞穴有好几处，

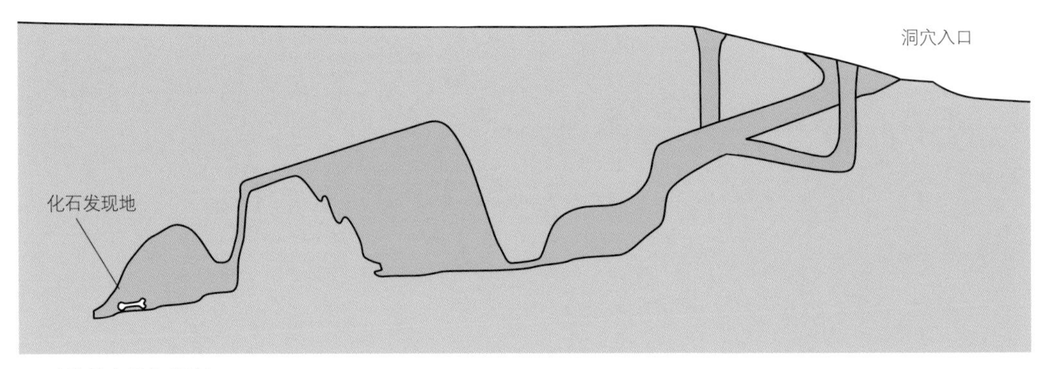

“明日之星”截面图。参考《美国国家地理》（2015年10月刊）绘制。

大多以保存多个人类化石著称。这样的洞穴所在地带被称为“南非古人类化石遗址群（Fossil Hominid Sites of South Africa）”，已被联合国教科文组织认定为世界文化遗产。

02
石灰岩
南非斯托克方丹洞穴发现的古人类化石（左），被石灰岩质地的岩石覆盖（右）。

不只是人类

洞穴里留下来的化石，不仅仅是人类。

有很典型的例子，一些动物化石的名字里就有“洞”这个字。例如，距今约 1.1 万年前灭绝的洞熊（*Ursus spelaeus*）。洞熊化石在欧洲北部的洞穴中尤其多见。身长约 2 米（不含尾巴），体形接近现代棕熊。但与棕熊相比，它头骨更大，腿更短。

03
不只是人类
"熊洞"中多产洞熊化石。

虽然洞熊的化石繁多，在很多洞穴中都有发掘，但是科学家也无法掌握它的具体形态。例如，根据摩尔多瓦埃米尔·拉科维塔洞穴研究所的盖尤斯·G. 迪特里希 2005 年的报告可知，仅在德国西北部的洞穴群里就发现了 2404 块洞熊化石。不过这"2404 块"是指骨头的总数，具体属于多少头洞熊并不清楚。另外，在摩尔多瓦西部熊洞中，也发现了超过 140 块的洞熊化石[03]。

根据美国国家公园管理局的加里·布朗所著的《大熊年鉴》（*The Great Bear Almanac*）记载，洞熊化石在过去曾被视为独角兽或龙的骨头而收集贩卖。也就是说，洞穴中有相当数量的化石很有可能已被拿走了，原本可能更多。

为什么洞穴中会发现数量如此庞大的洞熊化石呢？

布朗指出，有一种可能就是洞熊把洞穴当作巢穴。

也有人认为，因为既有年轻洞熊的化石也有年老洞熊的化石，所以可推测它们是在冬眠时遭遇寒冷或疾病导致了死亡。它们并非死于其他肉食动物的袭击，也不是因被落石砸中而意外死亡，而是类似自然死亡的状态，因此化石才能完好保存下来。

名字里有"洞"的不仅仅是洞熊。学者还发现了名为"洞鬣狗（*Crocuta crocuta spelaea*）"的哺乳动物化石。它与现代鬣狗相似，身长约 1.5 米。

此外，研究人员还发现了和洞熊、洞鬣狗生活在同一时代、同一地域的洞狮（*Panthera leo spelaea*），这种身长约 2.5 米的猫科动物，体形类似现代狮子，但没有现代狮子那样长长的鬃毛和尾巴尖上的毛簇。看到

也有一部分洞熊可能是在冬眠中死去的。

这儿，思维敏捷的你可能会想："你怎么知道这个？难道没有毛发的化石留存至今吗？"非常遗憾地告诉你，这样的结论并非从化石中得来，而是在法国的拉斯科洞穴中残留着当时的人刻下的洞狮壁画。壁画中的洞狮没有长长的鬃毛和尾巴尖上的毛簇。

科学家还发现同一洞穴内同时出现洞熊、洞鬣狗和洞狮的情况。但是，洞鬣狗和洞狮的化石状态与洞熊不同。

根据迪特里希 2009 年的研究结果显示，洞鬣狗和洞狮有可能在同一洞穴共同生活，对它们而言（特别是洞狮），与其说洞穴是巢穴，不如说是"狩猎场"。它们的目标是生活在洞穴深处的洞熊，因而会时常进出洞穴。在某些洞穴发现的洞熊化石中，41% 都有洞鬣狗撕咬的痕迹。发现化石就意味着它们有可能直接死在了那里，由此推断，洞鬣狗虽然袭击了洞熊，但也遭到了击杀。

再举一个例子吧。澳大利亚北部的里弗斯利地区有一个著名的化石产地——拉坎的巢穴（Rackham's Roost Site），那里曾经是一个石灰岩洞，近年来陆续发现了大量生活在 500 万年前～ 300 万年前的动物的化石。

之所以说拉坎的巢穴曾经是一个石灰岩洞，是因为经过岁月的侵蚀，拉坎的巢穴早已坍塌，现在只剩下洞穴遗迹。在坍塌的岩石中，学者们发现了大量的蝙蝠化石。

通常来说，像蝙蝠这样的飞行动物，骨头轻，容易遭到破坏，化石很难保存下来。蝙蝠的演化也因此存在很多谜团。而在拉坎的巢穴中却发现了大量的蝙蝠化石，这证明洞穴是化石保存的重要条件。

这些留有动物化石的洞穴大多是石灰岩构造，这与前面章节所述的保存人类化石的洞穴类型一致。

洞熊和洞狮、洞鬣狗在洞穴中不期而遇，经历了争斗，输掉的一方变成了化石。

为什么洞穴能成为“化石形成的优良场所”

为什么石灰岩洞穴中能发现大量保存状况良好的化石呢?

首先，在各种类型的洞穴中，石灰岩洞穴所占比例较多。如果洞穴的绝对数量大，那么化石也相对较多。

石灰岩的成分中 50% 以上都是碳酸钙，遇到酸性液体容易发生化学反应，溶解在大气中的二氧化碳形成的弱酸性雨水就能将其腐蚀。

降雨后，雨水流入地下，石灰岩地层遭到雨水的侵蚀，内部形成地形复杂的洞穴。全世界石灰岩洞穴总长超过 300 千米。在日本，从北至南都有石灰岩洞穴。所谓的钟乳洞[04]就是石灰岩洞穴的一种。

话说回来，难道除石灰岩以外的其他洞穴中就没有发现优质化石吗? 2003 年日本出版的地球科学类图书《第四纪学》中有说明。

例如，海岸边的海蚀洞是岩石中比较柔软的部分受到海水侵蚀而形成的洞穴。构成这种洞穴的岩石种类多种多样，海蚀洞的特征是洞深不及石灰岩洞穴，因为越深，海浪的力量就越弱，岩石不易受到侵蚀。

海岸地区的水位会随潮水涨落发生变化，海蚀洞在涨潮时被完全淹没。涨潮时，海水会涌入洞穴深处，从这点考虑，这样的洞穴并不适合包括人类在内的陆地脊椎动物生存。《第四纪学》中指出：“就算在海蚀洞中发现了这些生物的遗骸或遗物，也应该是海浪带过来的。”

因此想成为化石，海蚀洞并不适合。

接下来是熔岩洞。流到地面上的熔岩，外部先冷却凝固，而内部依然有高温熔岩继续流动，这样中间就形成了空洞，熔岩洞由此而成。《第四纪学》中指出：“这种类型的洞穴难以产出人类化石、遗物化石或脊

04
最适合保存化石
钟乳洞是一种比较容易形成的洞穴类型，为化石的完整保存创造良好环境。

椎动物化石。”并且，熔岩洞不适合动物居住。

因此，要想成为保存状况良好的化石，在入门篇我们就说过“需要快速掩埋”。这样既可以避免腐烂带来的分解和风雨的侵蚀，还能避免肉食动物的破坏。

死在洞穴中，从本质上来看和快速掩埋是一个意思，均可以避免遗骸遭受雨打风吹，特别是在洞穴深处，完全不受外界自然条件的影响。

此外，洞穴内部构造复杂也是非常重要的条件。前文中迪特里希的报告中指出，即使洞穴入口狭小，猫科动物也能进入。虽然离洞口较近有可能会被肉食动物袭击。但只要经历一番周折抵达洞穴深处的话，危险系数就会大大降低。本章开头介绍的纳莱迪人所在的“明日之星”正是非常好的例子。

石灰岩洞正是具备洞穴和内部结构复杂这两个条件，才为化石的形成提供了良好的环境。

石灰岩洞也有其他优点，美国加利福尼亚大学的罗伯特·H. 加杰特所著《洞熊与现代人类起源》（*Cave Bears and Modern Human Origins*）一书中提到了石灰岩的“pH（氢离子浓度指数）”。

pH 在化学课上学到过吧？它是表示酸性和碱性程度的指标。数值范围为 0 ～ 14，以 7 为基准点，数值小于 7 为酸性，数值越小则酸性越强；

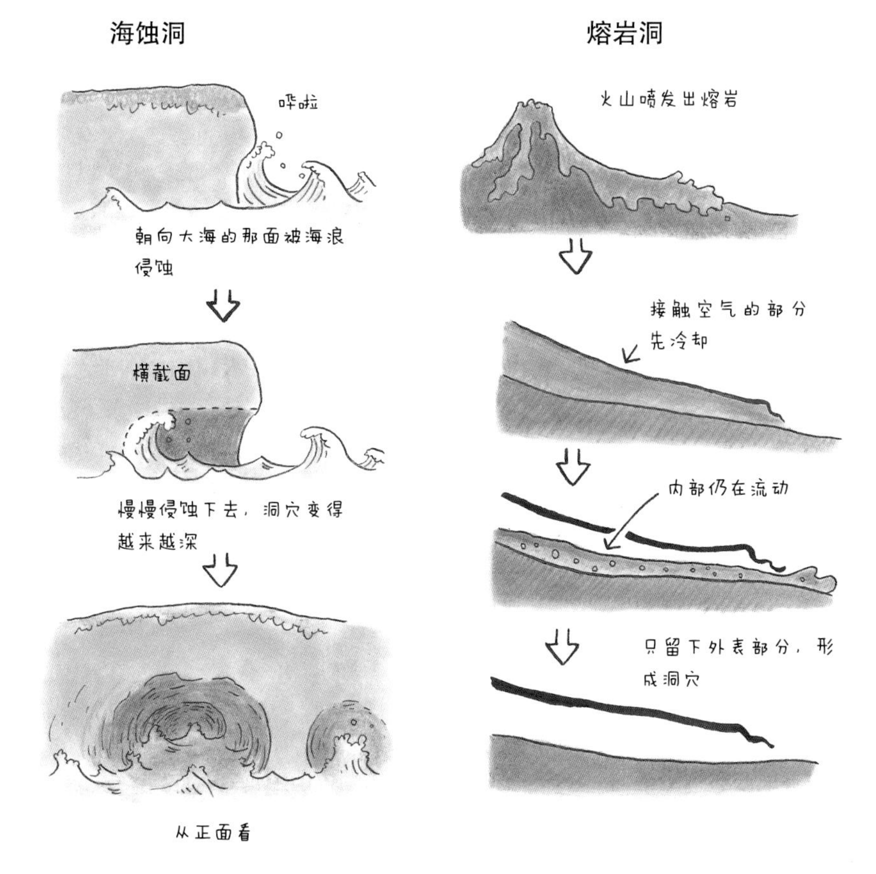

大于 7 为碱性，数值越大则碱性越强；等于 7 时为中性。

脊椎动物的骨头由磷灰石形成，磷灰石的主要成分是磷酸钙，易溶于酸性液体。反过来说，钙在碱性环境下更容易保存。

虽说石灰岩洞是因酸性的地下水侵蚀形成的。但石灰岩洞里的水并不一定都是酸性的。这是因为石灰岩多含钙，而含有钙的水容易变成碱性。在这样的环境下，石灰岩洞更容易保存骨头。就像斯托克方丹山洞那样，石灰岩洞生成的水将骨头“温和地”包起来，形成流石。“碱性的水和石头”可以保护化石。

但有一点要注意，在碱性环境下，软组织会被很快分解，也就是说“只会剩下骨头”。如果想连皮肤和内脏等都留下的话，别选石灰岩洞。

而且，石灰岩洞容易坍塌。正如之前所说的例子，保留大量蝙蝠化石的拉坎的巢穴并没有以洞穴的形态保存下来。洞穴坍塌时，化石很有可能遭到毁灭性破坏。实际上，在拉坎的巢穴发现的蝙蝠骨化石都是碎片。如果想“长期保存”好让数千万年后的高等智慧生物发现的话，那石灰岩洞并不合适。

借助壁画传递信息

石灰岩洞里残留的化石也有让人苦恼的问题，比如到底是什么时候的化石，这一点难以判断。

多数情况下，化石的年代并非由化石本身推算而来。算出年代需要化石含有放射性同位素，但大多数化石本身不含有这种元素。

那么，这种元素到底哪里才有？最“靠谱”的是火山喷发物，尤其是火山灰。比如，一块化石下面的地层是包含7200万年前的火山灰的地层，上面的地层是包含6800万年前的火山灰的地层。这两个地层之间的化石就可推测为7200万年前～6800万年前在某地生存（或已死亡）的生物化石。

那么，聪明的读者们是否有这样的疑惑，洞穴里面是不应该有火山灰的，落在洞穴外的火山灰，就算在某种作用下被运送到洞穴内，其过程中也会混入其他粒子，应该很难推算出年代吧。如果化石上残留有形成骨骼的胶原蛋白，那么使用放射性碳定年法推算出年代也是有可能的。但是，胶原蛋白会随着时间流逝，因此无法测定古老的化石。

在洞穴的水中长眠。题为“石灰岩洞的奥菲利亚”，有一种莎士比亚悲剧之美。期待碱性的水和石头可以将自己完美保存下来，但软组织会消失。

到底是什么时候的生物化石，是化石研究至关重要的一环。

无论是从演化的角度，还是从与其他地域的关联性的角度来验证，时间轴都是必不可少的。难得变成化石，并保存了下来，总得为后世留下一些信息吧，只有这样，化石才会有很高的价值。所以，请一定要为未来的研究者们留下死亡时间等信息。

关于这一点，我推荐壁画，毕竟已有这样的实例——在欧洲的石灰岩洞中还留有 1 万年前的人类壁画。这个很好学吧？

除时间轴外，如果能在壁画上留下性别、生活、工作等相关信息，后世的研究者们绝对会兴奋得手舞足蹈。到底留什么信息，就看你的心情了。

留文字的话，未来的研究者们不一定理解我们现在的语言，所以尽量写得浅显易懂。但如果留下很多很多的文字，范本多了，解读起来自然也就容易了。绘画也是一样，重点是要画得通俗易懂。

在欧洲的石灰岩洞壁画中，有用石器在墙壁上画下的线条画，也有用颜料画的彩色画。颜料使用了红铁矿、锰矿以及黑炭等材料。比起使用现代颜料和喷枪等，先人们的绘画手法更让人放心。

只要洞穴不坍塌，就能保存骨头和图画文字等信息。对想走成为化石这条道路的诸位，我们推荐石灰岩洞。

如果把信息刻在壁画上，未来人类（或其他高等智慧生物）会为我们高兴吗?

永冻层篇

天然的冷库

连大脑也保存完好

如果想成为“不仅是骨头，连皮肤也保留下来，甚至内脏也保存完整”的化石，用永冻层[01]（又称“永久冻土”）来保存最合适不过了。这种方法能将埋葬时穿的衣服都保留下来。

永冻层的土壤温度低于0℃，是“天然的冷库”，面积占北半球陆地的20%，其分布范围从俄罗斯直至美国的阿拉斯加。有些地方冻土的厚度超甚至过了500米。

从永冻层中人们发掘出第四纪（约258万年前至今的时期，也就是冰河时期）的生物化石。全球气候变冷，地球进入了冰期和间冰期交替的模式（现在是间冰期），这时会生成大规模的冰川。永冻层里所保存的是冰河时期的生物化石，而且保存得相当完好。

说起永冻层出产的优质化石代表，那就不得不提“冷冻猛犸”。

01
天然冷库
俄罗斯西伯利亚的永冻层土壤温度低于0℃。在这里，多种动物被“冷冻保存”了下来。

永冻层中保存的优质化石代表是生活在冰河时期的长毛猛犸。化石被发现时，从大脑到毛发都呈“冷冻状态”。

猛犸所属的象科种类很多。冷冻猛犸中多见的是肩高约 3.5 米的成年真猛犸象（*Mammuthus primigenius*）。与其他猛犸象属相比，它因生活范围广泛而闻名，在日本的北海道也发现过它的化石。

真猛犸象，也有“长毛象”“毛猛犸”“猛犸象”等别称。本书就以大多数人都熟知的“长毛猛犸”这个名字继续探讨下去。

正如其名，长毛猛犸的特征就是毛长。脊椎动物化石中，几乎没有哪个化石能将体毛这样的软组织保存下来。但是，在永冻层中保存下来的长毛猛犸[02]是个例外。

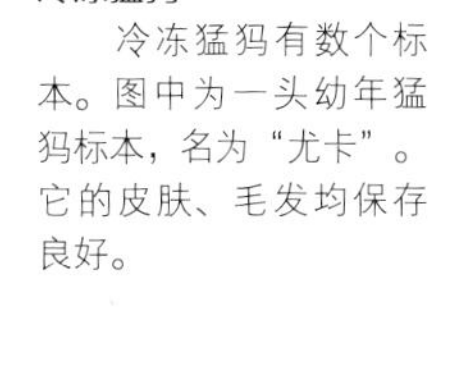

02
冷冻猛犸
冷冻猛犸有数个标本。图中为一头幼年猛犸标本，名为“尤卡”。它的皮肤、毛发均保存良好。

03

连大脑也保存完好

永冻层的好处是连大脑都能保存下来。左图中有包裹尤卡大脑的膜，将膜剥开后就能看见尤卡的大脑（右图）。

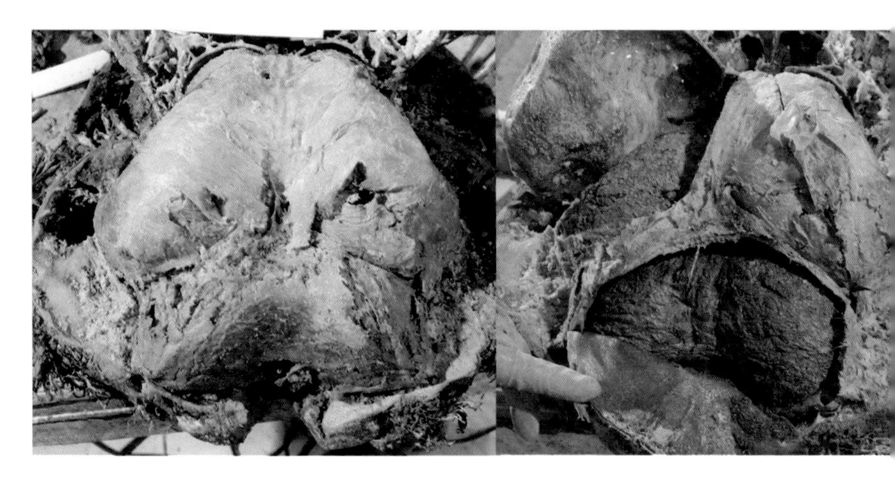

不仅仅是体毛，有不少标本连骨骼、肌肉、内脏和皮肤等都完美保存了下来。虽然大多数灭绝动物的身体形态和结构至今仍迷雾重重，但长毛猛犸的具体情况我们却一清二楚。

比如，与现代象相似，长毛猛犸都有着长长的鼻子，鼻尖与现代象相比下侧更宽，上侧凸起；耳朵比现代象小；肛门处有一个可盖住肛门的“盖”。无论是鼻子、耳朵还是“肛门盖”，原本都很难保存下来，就算发现了保存状况良好的全身骨骼，只凭骨头也很难想象它的其他特征。

长毛猛犸长长的毛发、小小的耳朵以及“肛门盖”都是为了帮它维持体温，不愧是在冰河时期的冰川地区也能存活的动物。我们能了解到这些信息，多亏了那些保存完好的全身化石。

2010年，在俄罗斯联邦萨哈（雅库特）共和国的尤卡基尔发现了名为“尤卡（Yuka）”的猛犸象遗骸，该猛犸象遗骸连大脑都保存了下来[03]。在日本举办的“‘Yuka’特别展”的宣传册中写道，由于比内脏更容易腐坏，脑组织能作为化石保留至今实属珍贵。

在发现尤卡的地方还发现了马（*Equus* sp.）和西伯利亚野牛（*Bison priscus*）的冰冻化石[04]。据俄罗斯科学院西伯利亚分院的盖纳奇·G. 波尔斯科夫团队 2014 年的报告称，虽然马只有头部和下半身，但保存得非常好。西伯利亚野牛的遗骸近乎完整，发现它的时候，它正保持着脚收进肚子下面的睡眠姿势。波尔斯科夫团队认为，这个姿势表明西伯利亚野牛是以自然死亡的形态被原封不动地保存下来的。

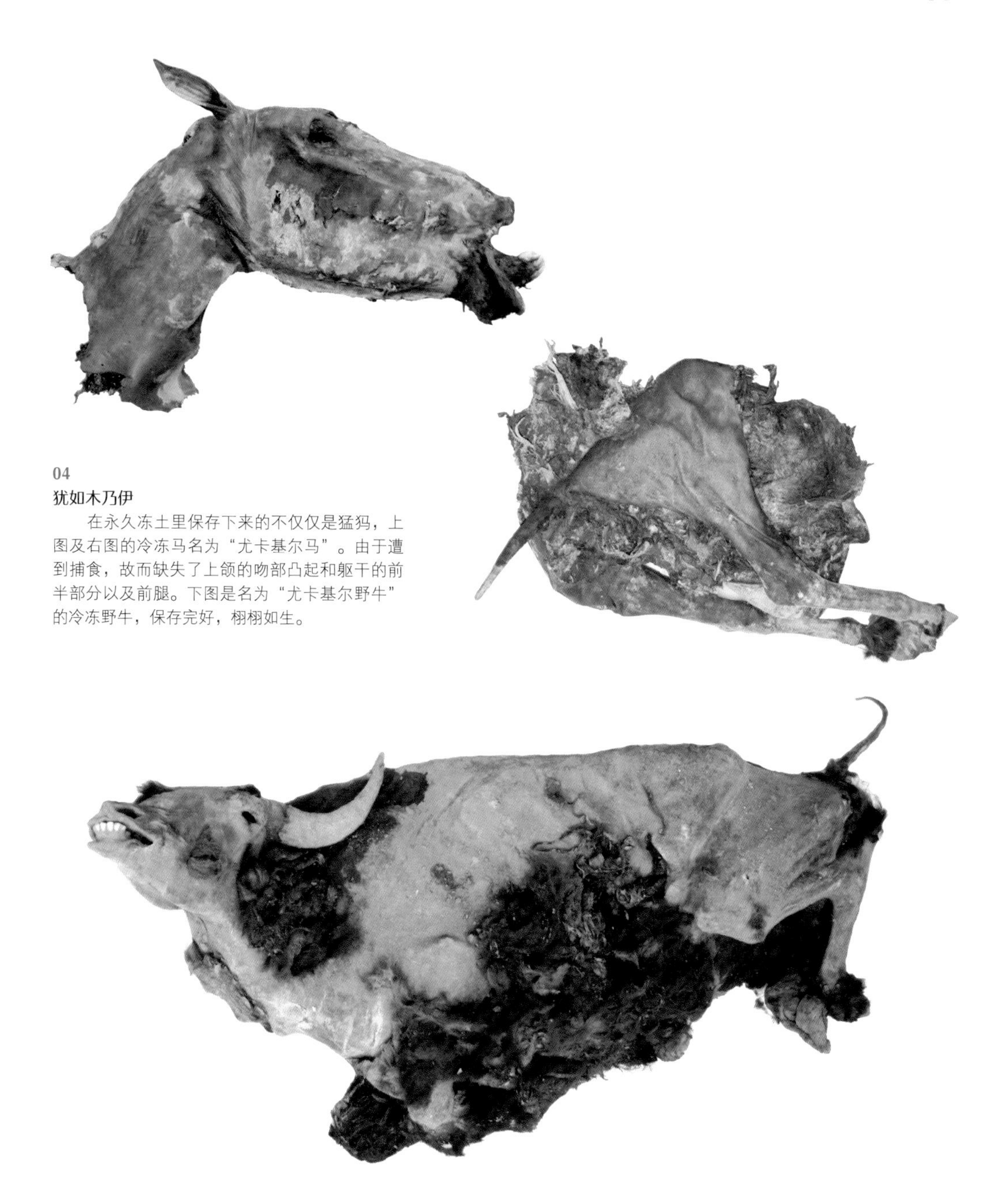

04
犹如木乃伊

在永久冻土里保存下来的不仅仅是猛犸，上图及右图的冷冻马名为“尤卡基尔马”。由于遭到捕食，故而缺失了上颌的吻部凸起和躯干的前半部分以及前腿。下图是名为“尤卡基尔野牛”的冷冻野牛，保存完好，栩栩如生。

“最后的晚餐”也保留了下来

并非只有尤卡特殊。20 世纪初，同样位于俄罗斯联邦萨哈（雅库特）共和国的别廖佐夫卡河河岸发现了全身保存完整的猛犸象，通称为“别廖佐夫卡猛犸”[05]。这头冷冻猛犸头盖骨被剥开，但身体的其他部位保存

05
别廖佐夫卡猛犸
冷冻猛犸中颇具代表性的个体之一。被剥开的头盖骨非常醒目，四肢连皮带骨都保存得十分完好，甚至连生殖器都保存了下来。来自俄罗斯联邦萨哈（雅库特）共和国。

完好，甚至连舌头和生殖器都保存了下来，要知道这些器官能作为化石保存下来非常罕见。而且，别廖佐夫卡猛犸的牙齿间还残留着植物。也许，死亡来临之时，它正在进食……一想到这，心里不免有些难过。美国阿拉斯加大学的戴尔·格思里所著的《猛犸草原的冰冻动物群：蓝色宝贝的故事》（*Frozen Fauna of the Mammoth Steppe: The Story of Blue Babe*）一书中写道，猛犸象口中残留的植物是温带的毛茛属植物花朵。

长毛猛犸以此为食，由此可知，在当时这片栖息地，这种植物生长繁茂。这是非常大的收获。

研究者们也确认了别廖佐夫卡猛犸胃里的食物。冷冻猛犸牙齿间残留的“最后的晚餐”被保存下来非常少见，胃里的食物被保存下来倒没那么少见。

大英自然历史博物馆的艾德里安·利斯特所著的《冰河时代的猛犸象》（*Mammoths: Giants of the Ice Age*）中写道，猛犸象胃中的残留物大部分属于“草本科”，此外还有各种各样的其他草本植物。此外，在流经俄罗斯联邦萨哈（雅库特）共和国的山德林河岸边发现了名为“山德林猛犸”的冷冻猛犸标本，它胃里的食物九成都是草，其余是柳树、桦树等嫩树枝。从这些例子，我们可以推测长毛猛犸的主食就是草。

在草食系的古生物中，像这种能确定主食是什么植物的例子凤毛麟

角。实际上，除了知道主食为植物外很难再进一步了解。已经成为化石的草食动物吃的到底是蕨类植物、裸子植物、被子植物，还是根茎类植物，是树皮还是叶、花、果实，我们基本上很难获取更详细的信息。你现在知道别廖佐夫卡猛犸和山德林猛犸非常珍贵的理由了吧。

胃里的残留物，不仅能帮助我们了解它“最后的晚餐”，而且如果这个晚餐还是植物的话，我们就能根据它确定“进食（即死亡）的季节”。例如，我们可以确定别廖佐夫卡猛犸死亡是在夏末，山德林猛犸死亡是在初夏。

从这些“实际发现的例子”出发，如果想把“最后的晚餐”都作为化石保留下来，请尽量吃“当季食物”。虽然在现代，我们可以在全年吃到各种食物，但这对于后世研究者们来说并不友好。为了能通过食物来确定“死亡时间”，请选择当季的蔬菜瓜果。

冰箱里长期保存的食物

在永久冻土中“保存”的动物，一般都是“速冻”而成的。但是，这里的“速冻”只是打比方，并不是指真的被冰冻住，而是指遗骸周围都是冻土（0℃以下）。

永冻层发现的化石都有一个共同点。看一看之前介绍的尤卡，以及冰冻的幼年猛犸象迪玛[06]、柳芭[07]标本，你就会一目了然。它们全身萎缩严重，非常干瘪，肌肤完全失去光泽。这就是永冻层下所保存的化石的形态。

根据《猛犸草原的冰冻动物群：蓝色宝贝的故事》中所说，这种状态与长时间存放在冰箱的食物非常相似。将食物放入冰箱后，食物最开始会有些许膨胀。但长时间放置的话，食物会慢慢进入脱水状态，体积会逐渐缩小，永冻层也是如此。

提到冷冻脱水的食物，就想到了冷冻干燥法。这种制法让食物呈现干燥的状态，但淋上热水就能吃。

冷冻干燥法就是将食物置于真空状态，在低压状态下水的沸点很低，水瞬间沸腾，可达到食物脱水的目的。一般来说，水沸腾的温度取决于气压，气压越低，水就越能在低温下沸腾。学校里教的“水在100℃沸腾，

06
迪玛
幼象，冷冻猛犸的代表性个体之一。它全身虽保存完好，但非常干瘪，肋骨凸显。上图是挖掘中的照片，下图是出土后的照片。来自俄罗斯。

变成水蒸气”指的是海拔 0 米的情况。在真空状态下，也就是说，如果气压为 0 帕斯卡，水能在低温下沸腾。

冷冻干燥法也会保留一些水分。这样，淋上热水后，水分渗透，食物会瞬间膨胀还原。由于未经高温处理，食

07
柳芭
冷冻猛犸的代表性个体之一。幼体。不像迪玛那样干，但也很干瘪。来自俄罗斯。

物的味道、口感、颜色和营养价值几乎与冷冻前无异，因此这种制法是保存食物的极佳方法。现在，市场上有很多经冷冻干燥技术处理的商品，不只是炖菜、味噌汤、粥，就连作为航空食品的冰激凌等都可以这么处理。

永冻层中的动物化石所经历的过程与冷冻干燥法有很大区别。就像长期保存在冰箱里的食物，动物遗骸在永冻层中"脱水"，没有留下多少空间。因此无论你浇多少热水，它们都无法恢复如初。

美国密歇根州立大学丹尼尔·C. 费舍团队在 2012 年发表的研究中提出，保存在永冻层中的猛犸化石，尽管肌肉保留了下来，但实际上肌肉早已从骨头上剥离了。猛犸的牙齿、牙根和牙槽间没有连接，牙齿极易脱落。这是干枯形成过程中产生的变化。这样就无法像"冷冻干燥"那样"复原"。关于肌肉与骨骼剥离的原因，费舍指出可能是细菌造成某种蛋白质发生变质导致的。

由此可见，当选择永冻层“迅速冰冻”的方法时，你就要做好以全身干枯的状态保留以及被发现（可能还会被展示）的思想觉悟。如果你以为这种方法能完整保留自己曼妙的身姿，那幻想可能会破灭，更不要妄想着什么肌肤光泽有弹性，醒醒吧。

不全身入土可不行

正如前文所述，在永冻层中保存的化石，大多数软组织和骨骼都保存得非常好。但是也存在问题，那就是“完整体”非常少。以长毛猛犸为代表的来自永冻层的“冷冻化石”，多数都缺失了部分或大部分身体。

为什么这些化石都不完整呢？

想要保存在永冻层，首先就要全身埋葬在永冻层里。《猛犸草原的冰冻动物群：蓝色宝贝的故事》等书籍将其过程记录如下：随着夏季的到来，冻土表层会融化，动物们在踏入这样的土地后便深陷其中，最终沉入深处，等冬天来临的时候土被冻住，动物尸体便永远保存在永冻层里了。

但是，如果是大型动物的话，不一定全身都能沉入永冻层，大多头部等部分无法埋入冻土，这样一来，它们就成了捕食者们的“盘中餐”。狼和狐狸等动物由于体重轻，不会像大型动物那样沉下去，因此它们会吃掉那些大型动物没有埋入冻土的部分。因此，大型动物就会以不完整的状态保存下来。

在永冻层发现化石的时机也是问题。要想有所收获，就需要河流或者海浪不断冲刷永冻层。事实上，现存的“冷冻化石”几乎都是在河岸或者海岸边发现的。化石自然会因受到河水和海浪的冲击而受损。如果再晚一步，从冻土中裸露出的部分化石就会被水带走。

如果想在永冻层里变成化石，你就需要做好完整地埋在冻土深处的准备。至于什么时候被发现，就听天由命吧。

冷冻化石不完整的原因

只埋进了一半。

由于不能动，成为捕食者的食物。

其余沉入永冻层。

变成化石。

全球变暖是最大威胁

尽管会出现一些小问题，但如果能接受永冻层保存会使身体变得干瘪萎缩这一点，那么对你而言，这种方法或许最合适不过。

在大多数的化石产区，脊椎动物只有骨骼和牙齿等这种硬组织保留下来，也有一些地方的化石只有皮肤、内脏、肌肉等软组织保留下来，但像这样硬组织和软组织都保存下来的例子少之又少。

而永冻层将这两方面都保存下来的可能性很大。

实际上，冷冻猛犸不仅体毛、肌肉、大脑、内脏保存了下来，而且骨头也都保存了下来。虽然骨骼的颜色受周围沉积物的影响有些变色，

在永冻层中，硬组织和软组织都能保存下来。如果能接受干瘪萎缩的样子，那么这就是成为化石的必选项之一……

但体毛的颜色几乎没有变化。如果你在永冻层里变成了化石，在数千年、数万年后被发现，虽然因为脱水变得干瘪，但你穿着的衣服也可能会成为化石，甚至连头发的颜色都能保留。如果能以这样的状态保存到被发现的那天，未来的研究者绝对会高兴得手舞足蹈。

但是，对于永冻层“长期保存”这一点，现在有个大问题。

2008 年，日本海洋研究开发机构（JAMSTEC）调查显示，永冻层的夏季消融量呈上升趋势。随着全球变暖，永冻层渐渐融化。这会导致河流水量上涨，水流冲刷河岸将导致永冻层崩塌。

确实，永冻层的化石被发现的次数在增加。从另一个角度来讲，对于今后想成为化石的各位而言，困难增加了。难得埋进了永冻层，却不知道永冻层是否能够长期保持冻土状态。别说什么要经过数百万年后被后世的人类（或者其他高等智慧生物）发现，或许才过几十年，就会被当作遗体发现。冷冻化石面临的最大威胁就是全球变暖。想要在永冻层里成为化石，就必须完全模拟出未来的气候，做好“埋在哪儿，永冻层能长期保存不融化”的调查。

沼泽尸体篇

“醋腌”正合适

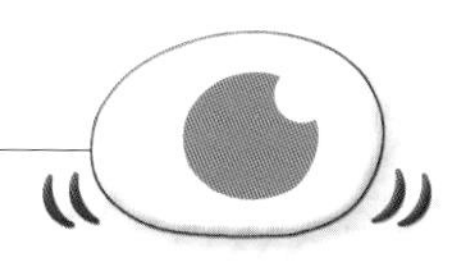

宛如刚刚死去

想以现在的样子变成化石，想把自己有弹性的皮肤和头发一同保留下来，而不是只留下一副骨架或像永冻层中发现的化石那样干瘪（参照永冻层篇）——如果你如此讲究，我有一个提案。

永冻层篇中介绍的“冷冻化石”是大约1万年前的化石，是比较新的类别。而本篇介绍的化石则更新，古老的也只不过距今2400年。因此，我们并不知道数万年后这样的化石会变成什么样子。

尽管如此，这种方法还是值得一试。顺利的话，你的表情和头发都有可能保留下来，甚至连你肌肤的弹性都能保留。

首先，我们要从这种化石的发现讲起。

那是在1950年，在丹麦日德兰半岛的托伦德沼泽，两个工人为了找炉灶燃料而去挖泥炭。

突然，泥炭里浮现出一张人脸。

一个双眼紧闭的男人。

他一动不动。

他已经死亡。

看到如此鲜活的遗体，工人们还以为是凶杀案件，立刻报了警。

被发现的尸体经推测是年龄30岁左右的男性。令人惊讶的是，其死亡时间大致在公元前375年。这是古代人死后尸体蜡化的结果。

在托伦德沼泽发现的这具遗体通称为“托伦德人（Tollund Man）”[01]。

事实上，到1950年为止，丹麦、德国、爱尔兰等地都发现了这种沼泽化石，这种标本被称为“沼泽尸体（Bog people 或Bog Bodies）”。《美国国家地理》（2007年9月刊）刊登专题指出，迄今为止发现的沼泽尸体有数百具。其中，最著名的沼泽尸体就是这具托伦德人。当时，当地的警察很快联系了博物馆工作人员，之后的发掘、调查、研究都在科学

地、有组织地进行着。

关于托伦德人的详细情况在《复活的古代人》（*The Bog People: Iron Age Man Preserved*，P.V.格罗布，1964年出版，日文版于2002年出版）中有详细记载。这里试着总结一下。

托伦德人身处2.5米深的泥炭沼泽地底，像婴儿一样蜷缩，全身上下

01
最著名的沼泽尸体
湿地遗体标本托伦德人。看上去仿佛刚刚死去，但其实是2400年前的遗体。仔细一看，有几处裸露出了骨头。来自丹麦。

只剩皮革做的帽子和腰带，没有其他衣物。

他头部没有伤口，口腔里还留有智齿。头发剃至4～5厘米长。胡子剃光，但在接近上唇和下巴的位置有一些胡楂，是没有刮干净，还是新长出来的呢？不管真相如何，都可以断言他从刮胡子到死亡的这段时间

02
紧闭双眼，神情平静安详
仿佛在春日的阳光下酣睡。脸上细微的皱纹和胡须等细节都保存完好。

并没有多久。他紧闭双眼，神情平静安详[02]。托伦德人头部保存完好，其他部位多少有些损坏，膝盖骨暴露在外，腹部也有褶皱，但是，这是他活着时就出现的，还是在死后被泥炭挤压出来的，目前不得而知。

解剖结果显示，托伦德人的消化器官里有大麦、亚麻、亚麻荠、荨麻等植物以及包含几种野草的粥，毫无进食肉类的痕迹。从消化状况可以推断出他是在吃完最后一餐后的半天到一天内死亡的。

令人不安的是，托伦德人的脖子上缠着长长的绳子。如果你对这个男子在怎样的状态下死去感兴趣的话，请参考《复活的古代人》一书。

03
苦闷的表情
这是以细节保存完好著称的格劳巴勒人，是一具2200年前的尸体。来自丹麦。

再介绍一具沼泽尸体吧。1952年，在离发现托伦德人不远处的另一沼泽发现了新的沼泽尸体，他以最近的村落命名，通称为“格劳巴勒人（Grauballe Man）”[03]。

格劳巴勒人的死亡时间在公元前400年～公元前200年。和托伦德人一样，全身保存完好。

但是与神情安详的托伦德人相比，格劳巴勒人的特点就是那令人不安的痛苦表情。

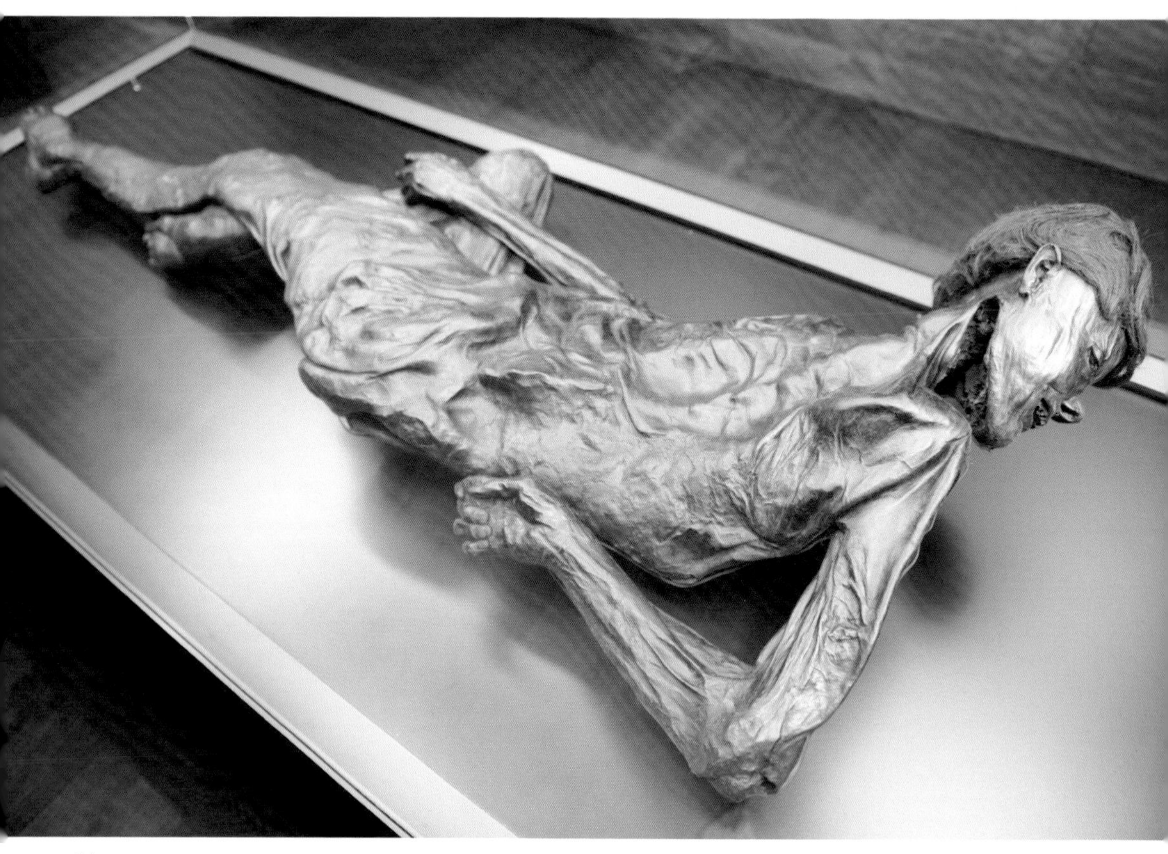

04
身体扭曲
格劳巴勒人身体过度扭曲，皮肤紧贴骨头。从这个状态可以看出他很痛苦。

关于格劳巴勒人的详细情况，在《复活的古代人》一书中也有详细记载：全身扭曲[04]的姿态显示他死前十分痛苦。头发从头顶散落到头部左侧，长约15厘米。头发呈红褐色，检查结果则显示他的发色原本应该是黑色。他没有眉毛，鼻子下方有几根胡须，下巴也有短胡须。

格劳巴勒人手和脚的保存程度好得“无与伦比”。从照片上来看虽然有些干枯，但要说这是活人的手和脚也说得过去。

05
完好的指甲
这是格劳巴勒人的右手。指甲保存得非常好，指纹也能测出。这状态令人难以相信这是2200多年前的遗体。

他的手[05]似乎要抓住什么，脚似乎要迈出去，手指和脚趾的指纹都很清晰。

除了表情外，与托伦德人最大的差异是，该男尸的脖子上有一道贯穿耳朵和喉咙的伤口，这就是死因。虽不知晓其中缘由，但一般认为格劳巴勒人是被杀害的……但是，《美国国家地理》（2007年9月刊）指出其死因不是割伤，这个伤口也有可能是死后造成的。

托伦德人、格劳巴勒人都是埋在泥炭中的，所以皮肤变得黝黑，但全身保存得非常完好，宛如刚刚死去。和你心中设想的化石相比，有什么不一样吗？

06
温德比少女
虽然缺少胸部，肋骨外露，但其他地方的皮肤弹性非常好。

脑组织清晰可见

还有一些沼泽尸体更有意思。

1952年，在德国北部温德比农庄的某处沼泽中发现了男、女尸体各一具。与托伦德人一样，一开始被发现时还被认为是谋杀案件引发了骚动，后来经警方确认是沼泽尸体后，他们被送往了博物馆。

两具尸体中，最引人注目的是身材苗条的女性遗体。她的年纪为13～14岁，脸朝右侧躺着，右手放在右胸上。虽然全身皮肤依旧柔软，但是胸部软组织因为某种原因缺损，肋骨外露。令人不安的是，她被毛线编织的带子蒙住了眼睛。在她的不远处有木棒式的木头和石头，这应该是为了将遗体沉入沼泽使用的器具。

这具沼泽遗体通称为“温德比少女”[06]，后调查得知这是公元前1世纪左右的遗体。

根据各类文献所述，这个少女犯了私通罪，被判处死刑后沉入了沼泽。同时被发现的男性沼泽尸体应该就是其私通的对象。

但是，《美国国家地理》（2007年9月刊）却提出了不一样的见解，根据近期的研究表明，男性沼泽尸体比温德比少女早300多年。文中还提出“温德比少女或许是男性”的观点。

到底是少男还是少女？为何眼睛被蒙住？有太多让人疑惑之处了，这些应该属于考古学范畴。虽然截至本书创作时，这类题材在日语书籍中很少见，但鉴于题材很吸引人，自然有专家来为我们详细解说。本书以想成为化石为主题，主要涉及遗体的保存情况。

连皮肤弹性都能保存下来的温德比少女，除了胸部有缺损外，其他部分都保存得非常完好。X光片分析结果显示，其大脑都保存得极其完好，解剖最终也证实了这一点。

奇怪的是，头部本该有的部分却消失了。

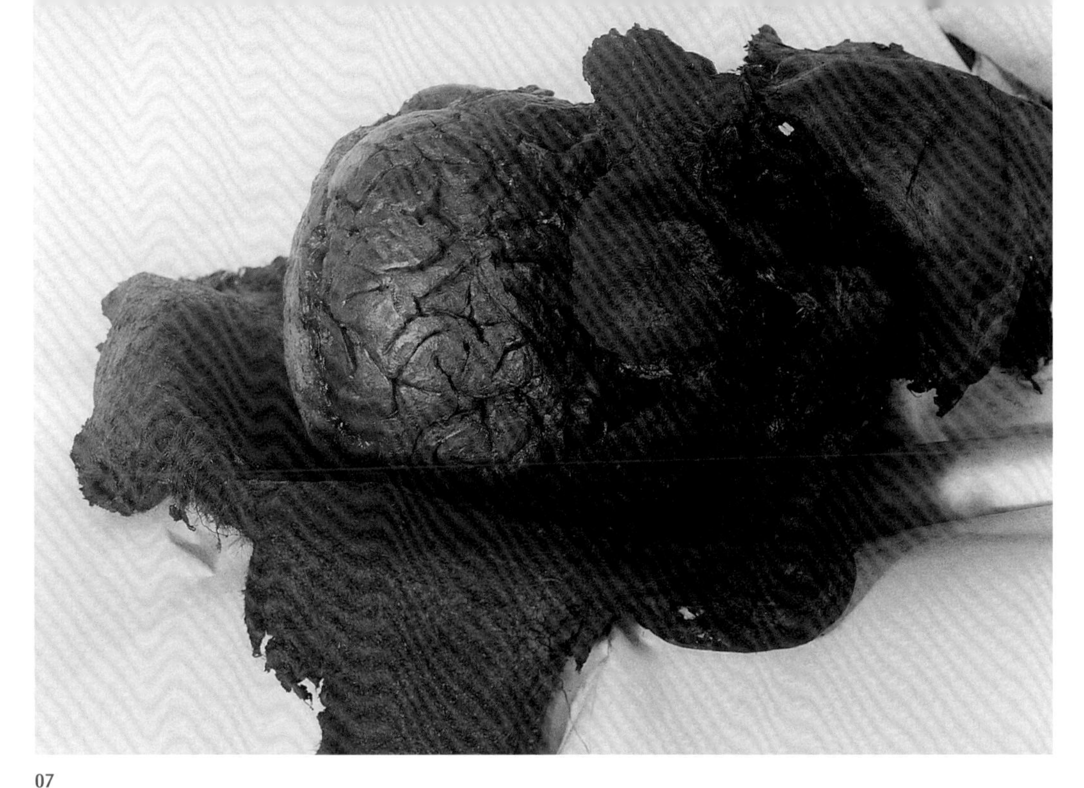

07
大脑
剥开温德比少女的头皮后，大脑一目了然。头盖骨溶解了。

那就是头盖骨。

大脑[07]的脑沟和脑回都保存了下来，但用来保护大脑组织的头盖骨却消失了。剥开她的头皮后，脑组织一目了然。

好像泡在醋里的蛋

沼泽尸体保存状况如此良好主要是受沼泽独特环境的影响。除了已经介绍过的《复活的古代人》《美国国家地理》之外，还可以通过布莱恩尼·科尔斯和约翰·科尔斯合著的《低湿地考古学》，以及丹麦锡尔克堡博物馆网站等了解相关信息。

丹麦以及德国北部等多处沼泽尸体发现地都很寒冷，遗体沉入沼泽时，水温不到4℃。这样的温度接近现在的冰箱冷藏温度。从日本索尼电器网站的常见问答中可知，冰箱冷藏室的温度为3～6℃，低温冷藏室温度为0～2℃。虽到不了冰冻的程度，但也是很低的温度了。只有这样的条件才能减少微生物的活动。微生物不活动，软组织就不会被分解。

另外，尸体沉入水中时，沼泽里应该生长着大量的泥炭藓，遗体上的泥炭正来自这些泥炭藓。这种苔藓类植物也是沼泽尸体形成的

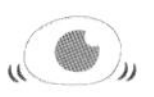

08
像只皮袋
在达门多夫发现的沼泽尸体，只有皮肤、头发，以及指甲保存了下来。这是“强酸性环境下不留一根骨头”的典型例子。

关键因素。

泥炭藓含有大量的单宁。单宁是制作鞣皮时使用的一种水溶性化合物。鞣皮是指在自然腐坏分解后干燥变硬的生皮上，通过一些药物处理，削弱劣化增加其强度后形成的皮革。沼泽尸体在单宁的作用下就像鞣皮一样保护着尸体。尸体皮肤的弹性很大程度上也是单宁的作用。

泥炭藓衍生出泥炭的过程中，会产生一种名为“腐殖酸”的酸性物质，在泥炭中被腐殖酸包裹的遗骸在酸性环境中得以保存。适当的酸性环境能够抑制微生物的活动，达到长期保存的目的。

但是，酸性环境会溶解钙。格劳巴勒人骨骼中钙的流失以及温德比少女头盖骨消失就是很好的例子。

这种失去骨骼的沼泽尸体[08]中最典型的就是在德国达门多夫发现的遗体。那具遗体除了鞣皮般的皮肤、头发以及指甲外，没有留下其他部分，内脏和骨骼都消失了——全被强酸腐蚀溶解掉了，遗体就像是用人皮做成的袋子。

通常，生物的遗骸变成化石时，软组织和硬组织的保存存在着相对平衡的关系。能保存软组织的环境很难保留硬组织，而能保存硬组织的环境又很难保留软组织。这是因为软组织在碱性环境下容易分解，而硬组织在酸性环境下容易分解。换言之，碱性环境更适合保存硬组织，酸性环境更适合保存软组织。

关于酸性环境保护软组织这一点，我们在家可以用一个简单的实验来验证。把醋倒入容器中，然后把生鸡蛋连壳完整地泡在醋里，过十几个小时后换醋，再等十几小时，蛋壳就会完美地消失，只剩下薄膜包裹的蛋清和蛋黄。

我在中学时代也做过这个实验，醋的气味有刺激性，做实验时注意通风。你也可以参考相关书籍或者通过网页搜索详细的制作方法。

让我们一起总结之前的内容。沼泽尸体会根据环境不同呈现不同状态：可能会像达门多夫发现的沼泽尸体那样，只剩下"一副皮囊"；如果环境酸度合适，可能像托伦德人那样同时保留硬组织和软组织。如果你认为只留下"一副皮囊"也不错，那成为沼泽尸体是相当好的选择了。

如何保存沼泽尸体

再列举几个沼泽尸体能够保存完好的原因吧。

在低温环境下，单宁使皮肤得到保护，腐殖酸造就了适度的酸性环境。只有在这绝妙的作用下，沼泽尸体才能保存得如此完美。但是，那些从泥炭中挖出的沼泽尸体一旦脱离了原来的环境，就会出现腐坏的情况。

1950年发现托伦德人时，研究者在保存方法上绞尽脑汁，因为那时候还不知道如何保存沼泽尸体。

最后研究者采用的是只保存头部的方法。《复活的古代人》中记载：将头部从身体上切下，用福尔马林、酒精、甲苯、石蜡等处理后，再用蜡将其保存下来。经过了一年以上的处理，托伦德人头部的轮廓和容貌被完整地保存了下来，但头部缩减了12%。

1952年发现的格劳巴勒人，本着保留原貌的初衷，在一位名为"朗格·科瓦奇"的专家的指挥下进行修复工作。

根据解剖结果，格劳巴勒人的单宁鞣革化并不完整，科瓦奇便采用了促使其鞣革化的方案，提高其皮肤的保存度。于是他们准备了大量含有单宁的橡树汁液和树皮，就像往标本里塞棉花那样，把这些东西塞入格劳巴勒人体内。用来存放格劳巴勒人的箱子也用橡木制作，为了防止用来固定箱子的金属部件与单宁发生化学反应，连合页都安装在箱子的外侧，细节可以说做得非常到位。

就这样经过一个月以上的加工，终于完成了保存处理工作。和处理前留下的石膏铸模相比，处理后的格劳巴勒人遗体几乎没有损伤，也没有变形和缩小，真是可喜可贺。

说这些是希望大家关注保存的过程费心费力。沼泽尸体被发掘后，为了保存，人力、物力都耗费巨大。

当然，处理保存格劳巴勒人已经是以前的事情了。现在有更先进、更发达的保存技术。如果你变成了沼泽尸体化石，在未来被发现后，你就可以去体验那些更为先进的保存技术。

但是，那些先进技术是否会应用在你或者你留下的生物化石上就不得而知了。世界局势的变化，用于保存化石的时间、预算、人工这些都不可预估。说不定技术还会失传，导致只能像托伦德人那样“只保存缩小后的头部”。又或者，除了你之外还发现了其他很多沼泽尸体，有可能会按先来后到的顺序把你往后排，而在此期间，你就会被大自然分解、腐蚀……

成为沼泽尸体化石，被发现后需尽早完成保存处理工作。譬如，把能显示你非常珍贵的物品一起埋进泥炭里——毕竟无论在哪个领域，都是“物以稀为贵”，这样容易吸引更多关注。当然，必须是抗酸性强的物品，最好避开金属。

在酸性环境下，硬组织会被溶解，只保留软组织，在家也能做这个简单的实验。

琥珀篇

被天然的树脂包裹

琥珀中的恐龙化石

琥珀，一种上古针叶树木分泌出的天然树脂（松树脂）变硬后形成的化石，硬度 2.5，相对柔软，金属可以轻易在其表面留下划痕，易打磨加工，经常被加工成珠串或浮雕首饰。如果想变成化石，被琥珀包裹着留存下来也是一种选择。这样的话，在未来也许会经过加工成为艺术品。

近年来，出现了引发广泛关注的琥珀化石。

2016 年年末，中国地质大学的邢立达研究团队发表了琥珀中的恐龙化石[01] 报告。研究团队在缅甸一处距今约 9900 万年前（白垩纪中期）的地层中挖掘出一块直径几厘米的化石。琥珀里面有一条约 37 毫米长的“尾

01
琥珀中的恐龙化石
从缅甸挖掘出的琥珀里，有长着羽毛的恐龙尾巴。

02
里面是什么

从缅甸挖掘出的琥珀之一。尽管杂质很多，但依旧可以推测出里面是什么。

03
活生生的脚

将上图中琥珀的右下部分放大后，不仅可以看见尖锐的爪子，连爪子的鳞片都一清二楚。

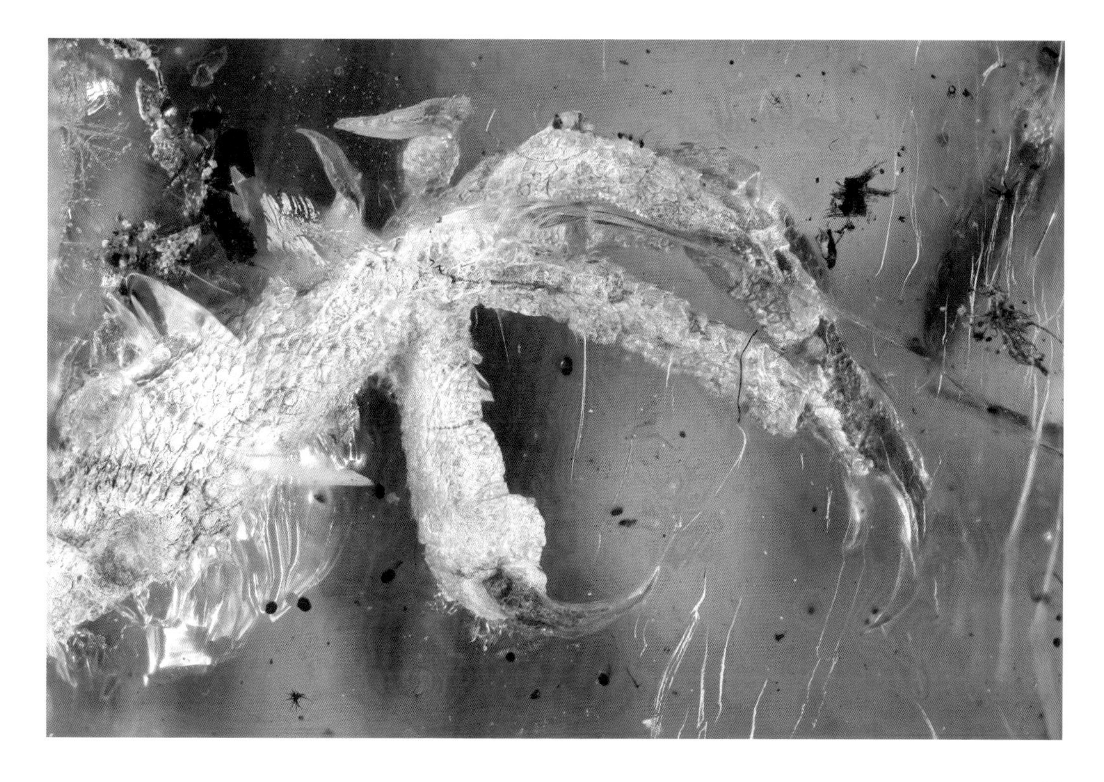

巴”，这条长着小短毛的尾巴在琥珀中呈L形。

发现该琥珀时，研究人员还以为这里面是“植物”。然而对琥珀进行分析后，研究团队确认这里面是一种小型兽脚类（恐龙的一种）尾巴的一部分。

遗憾的是除了尾巴外，其他的部分都没有留下。或者有一天会找到它的头部，那时候就能知道它的具体分类了……

人们后来的确发现了包裹着动物头部的琥珀[02]。2017年，中国古生物学者邢立达又在缅甸发现了新化石，琥珀里是一只雏鸟。

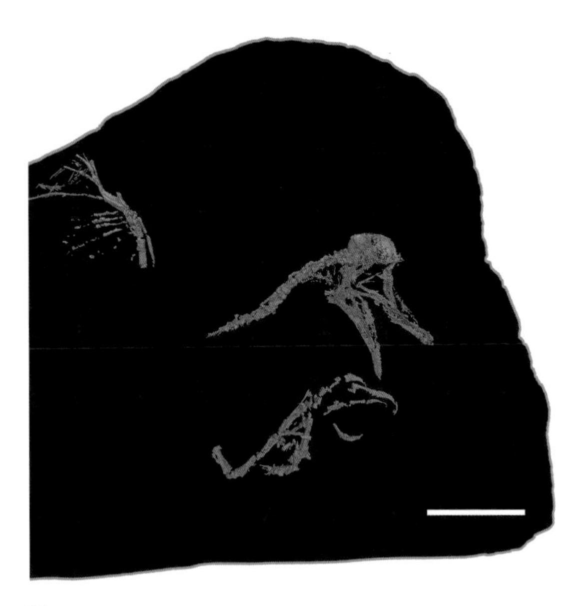

04
CT扫描可见
琥珀经过CT扫描后，鸟的头部清晰可见，细微的结构也一目了然。

该琥珀长度不足10厘米。与上文介绍的含有恐龙尾巴的化石不同，这块琥珀里面有较多杂质，整体浑浊，无法看清内部情况。因此，作为珠宝饰品可能价值并不高。

琥珀内有一只长度不足1厘米的小爪子[03]，锐利的三根趾上密密麻麻排列着细细的鳞片，让人一眼就能看出这是鸟类的爪子。但是，爪子以外的部分就无法用肉眼观察到了。

用CT扫描[04]后，发现琥珀内有鸟的头部和前爪（翅膀）。从这些特征可以得知，这只鸟属于反鸟类。反鸟类是一种生活在白垩纪，口内残存牙齿的鸟，它由小型兽脚类恐龙演化而来。让人遗憾的是，CT影像穿透了皮肤，我们无法看清它的外貌。

虽然这个标本有爪、头和翅膀，但身体大部分都缺失了，让人感到非常惋惜。

为什么身体缺失了呢？邢立达团队推测，这只幼鸟并不是被大量树脂一次性包裹起来的，树脂一点点累积，暴露在外的身体在被树脂包裹之前就风化了。如果你想被琥珀包裹变成化石，不一口气直接埋进树脂里的话，也会出现同样的情况。

05
爬行类也是如此
在北欧波罗的海发现的琥珀里的蜥蜴只有下半身，鳞片清晰可见。

昆虫和花都可完好保存

说到出产琥珀的圣地，就不得不提北欧波罗的海的沿海地区。在这里发现的琥珀，包含着从新生代古近纪的始新世中期到渐新世前期（约4800万年前～2800万年前）的各种生物。

给大家介绍几个吧，说到脊椎动物的例子，琥珀蜥（*Succinilacerta*）类的琥珀非常有名。《波罗的海琥珀中的动植物图集》（*Atlas of Plants and Animals in Baltic Amber*）收录了大量波罗的海产的琥珀，里面记载了含有尾巴和后腿的草蜥类动物琥珀[05]，还有只有后足的动物琥珀。

其实，包裹着脊椎动物的琥珀可谓凤毛麟角，含有无脊椎动物的琥珀则数量众多，如蜜蜂[06]、蚂蚁[07]、伪蝎[08]、象虫[09]等，都是体长不足1厘米的节肢动物。

这里给大家介绍一种古蛛科蜘蛛[10]，其特点是长有长长的螯肢。虽说属于蜘蛛类，但与其他蜘蛛不同的是，它有脊椎动物特有的“颈”。

波罗的海的琥珀中的大多数动物都没有灭绝，它们如今还在繁衍生息，古蛛科也不例外。古蛛科的现有种目前生活在非洲和澳大利亚，因其捕杀蜘蛛的独特生态特征，又被称为“刺客蛛”。它的外形和生活环

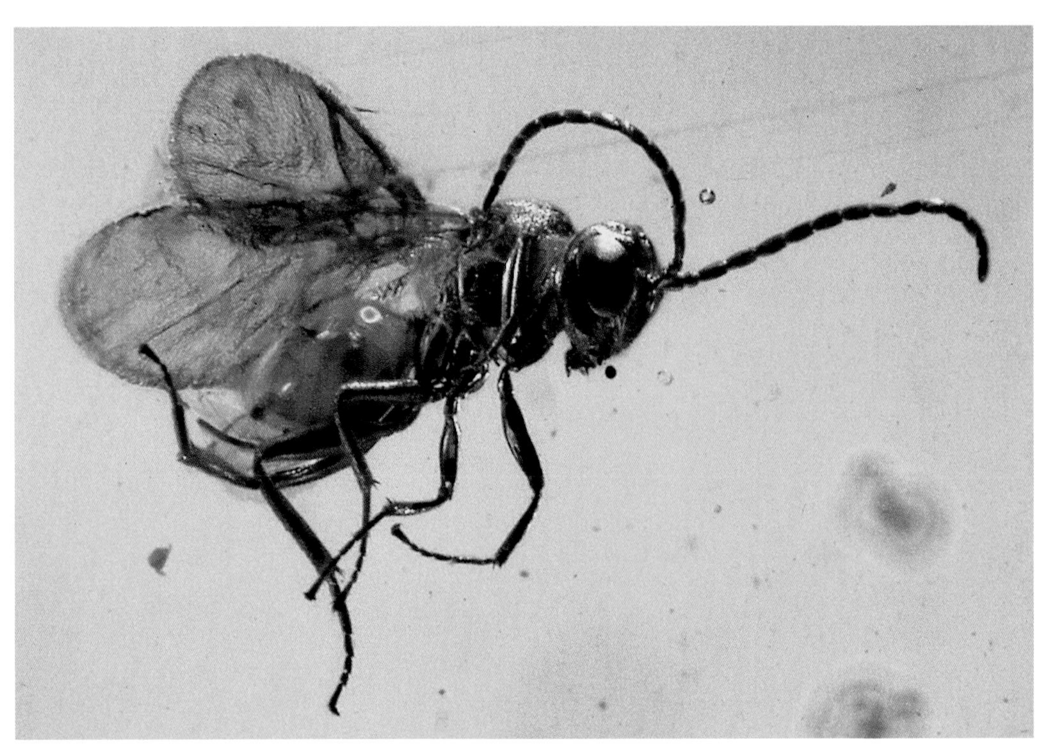

06
触角的关节清晰可见
　　来自北欧波罗的海的琥珀之一。小蜂科。

07
身体的膨胀感十分清晰
　　来自北欧波罗的海的琥珀之一。山蚂蚁类。

08
腹部的细微结构清晰可见
来自北欧波罗的海的琥珀之一。腕伪蝎类。

09
复眼也完美保留
来自北欧波罗的海的琥珀之一。象虫类。

10
细微结构也清晰可见
来自北欧波罗的海的琥珀之一。古蛛科，其琥珀中的化石发现早于现有种。

境都很有趣，更有趣的还是有关它的研究——我们先是在波罗的海的琥珀中确定了它的存在，之后才有了现有种的报告，古蛛科拥有延续至今的珍贵历史。

与脊椎动物不同的是，节肢动物全身都能保存下来的例子很多。它们宛如刚刚死去，似乎从琥珀中取出后还可以动。

此外，不只是动物，玫瑰[11]、松果[12]等植物也可以保存在琥珀里。

关于被包在琥珀里这件事

我们再明确一下，琥珀就是树脂凝固而成的物品。根据英国曼彻斯特大学的P.A.赛尔顿和J.R.内兹创作的《世界化石遗产》一书中的总结，树脂正是琥珀内节肢动物（特别是昆虫）比较多的原因。

为了一尝香甜的树脂纷至沓来的昆虫们被树脂捕获，保存至今。一部分像蜘蛛这类的捕食者，想去捕食浸在树脂里挣扎着的猎物，结果也陷进去了。无论在哪个时代，任何动物似乎都有作为捕食者反而成为被捕食者的情况。

11
琥珀中的玫瑰

来自北欧波罗的海的琥珀之一。赠送这样的玫瑰，无论是谁都会怦然心动吧……

12
松果

来自北欧波罗的海的琥珀之一。常见的“松果”。

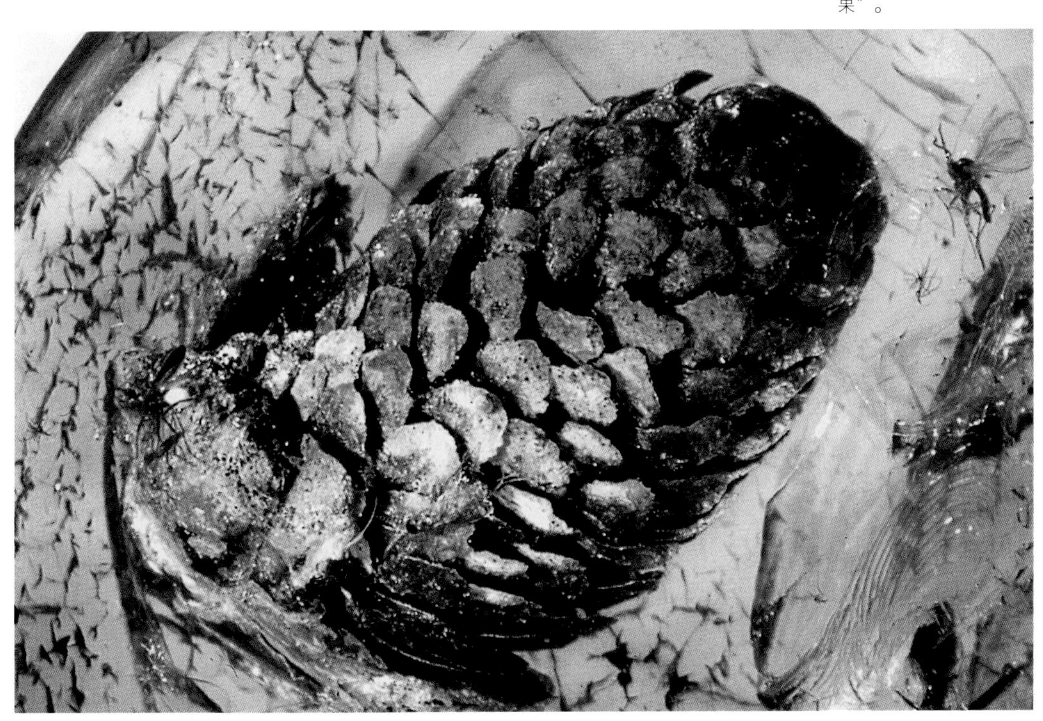

那么，形成琥珀的树脂是什么植物分泌的呢？

根据《世界化石遗产》所述，形成波罗的海琥珀的树脂可能来自一种兼具松科和南洋杉科两方特征的已灭绝的裸子植物。那么，两方特征指的是什么呢？

南洋杉

南洋杉科的树木树脂分泌量较大，是最有可能的树种。但是在波罗的海地区却没有发现南洋杉科的树木化石。分泌树脂要靠针叶林，如果有这样的树木，其树干和枝叶就应该有化石留存……

虽然有发现松科的化石，但从目前现有松科的种类来看，松科的树脂分泌量很少。留下大量琥珀就需要大量的树脂，在波罗的海地区发现的松树科植物化石表明，其树种很难分泌大量的树脂。

在这种情况下，线索就是拥有松树科和南洋杉科两方特征的已灭绝的裸子植物。但目前并没有发现这样的植物化石，树脂来源于什么植物，依然是个谜。这对于想成为琥珀化石的你来说，或许是个小小的阻碍。无法确定原材料的话，就只能去冒险尝试了。

松树

波罗的海的琥珀到底是由什么植物分泌的树脂形成目前不得而知。最有可能的是南洋杉科和松科……

那么，琥珀中的生物还能保持生前的样子吗？正如你所看到的，从外观上来看是没有问题的。那么，里面又是什么样的呢？

《世界化石遗产》中说，有的琥珀里保存着蜘蛛的肝脏和肌肉等组织，有的留有吸血蝇的肌肉纤维、细胞核以及核糖体、线粒体。不仅肌肉，连细胞内部都能保存完好，其保存度之高实在令人叹为观止。

如此高的保存度，或许血液中的DNA也能保存下来。这不就是《侏罗纪公园》吗？这部电影讲的就是从琥珀中保存的恐龙时代的蚊子身上抽出恐龙之血，利用血液中的DNA克隆恐龙的故事。

但是，根据澳大利亚莫道克大学的莫顿·E.阿伦特夫团队在2012年发表的报告指出，DNA每五百二十一年就会损坏一半。虽然这和气温以及保存条件有关，但只要DNA复原技术没有被研究出来，或者没有其他的

13
啊！乳胶气泡
来自北欧波罗的海的琥珀之一。昆虫的表面被乳胶覆盖。

保存方法，要想将 DNA 保留数万年、数十万年是非常困难的。

暂且不提 DNA，在琥珀化石中外表能维持原貌，内部连细胞都能保存下来，这已经是让人赞叹的事了。有人会决定就用这个方法变化石了，认为这是最理想的方法。但是，还是要提醒大家，内部并不能保存得和生前一模一样。外表虽然可以维持原貌，但内部会因脱水缩小约 30%。不过，外表能完美地保留下来，内脏有一点点缩小也没什么关系，虽然缩小 30% 会让身体内部相当空。

还需要注意的是其他物质。无论化石本身被保存得多么完好，但受琥珀的裂缝和不纯物等影响，会出现细节无法保存的情况。实际上，前文中介绍的白垩纪鸟类化石，如不使用 CT 扫描，就无法得知琥珀内还有其头部。包进树脂里时，也要注意包进树脂里的其他东西。

此外还有一种琥珀，内部的遗骸会被空气泡包住。根据《世界化石遗产》，乳胶这样的气泡层[13]是遗骸冒出的湿气与树脂产生化学反应的结果。乳胶的出现与分泌树脂的植物种类有关，波罗的海琥珀的树脂就非常容易产生乳胶气泡。因此，最好避免使用波罗的海琥珀的候选树木松科和南洋杉科的树脂。

除了要考虑乳胶气泡，还要考虑琥珀的硬度、透明度等各种问题。

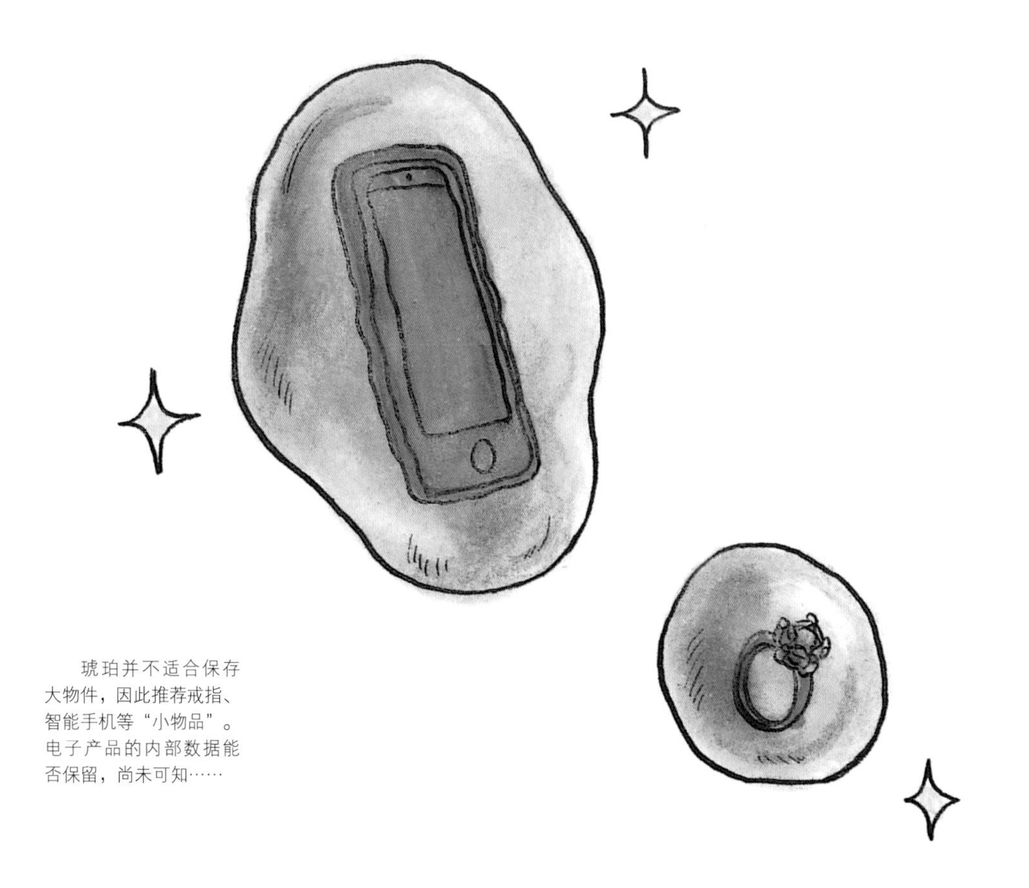

琥珀并不适合保存大物件，因此推荐戒指、智能手机等“小物品”。电子产品的内部数据能否保留，尚未可知……

其中最大的问题就是树脂够不够多。要想包裹人类大小的大型动物，只靠自然分泌的树脂是远远不够的。

作为珠宝饰品流入市场的琥珀，大部分都经过了打磨，最后形成圆润的形状。但是琥珀的“原始形状”其实是多样化的：有从树枝上掉下的水滴状，也有为了填补树木内部缝隙而形成的形状，还有覆盖树皮表面形成的扁平状，总归体积都是受限的。与保存冷冻猛犸的永冻层以及保存沼泽尸体的泥炭层相比，琥珀的空间实在太小了，这也是琥珀里的化石大多数都是节肢动物等一些小生物的原因。

迄今为止介绍的琥珀标本中，没有一个是大块头的，幼鸟标本都算是“大”标本了。根据《波罗的海琥珀中的动植物图集》中的记载，迄今为止最大的琥珀标本重量不足 1 千克。这样想来，想保存人形大小的物品是不太可能的。

从现实的角度来讲，能保存在琥珀里的化石充其量就是小动物。琥

珀虽然是成为最美化石的首选，但无论如何也无法用到你的身上。当然，如果能收集数棵、数十棵树的树脂（松树脂）的话，或许也能包裹人形大小的物品。但是，如此大费周章还能被称为“化石”吗？这就是另一个话题了吧。

如果是小物件，只要保持外形完整，无论是其软组织还是硬组织都可以完美保留。由于会产生乳胶气泡，所以无法从内部产生气体的无机物是最佳选项。保存结婚戒指等充满回忆的物品，或没有受损的智能手机等电子产品，或许是最理想的。而且这种类型的物品，也不用担心内部缩小的问题。

火山灰篇

作为铸型留存

古罗马时代的遗迹——庞贝古城

“不用像沼泽尸体和琥珀化石那样将细节都保留下来（参照沼泽尸体篇和琥珀篇），只留下全身的轮廓就可以了。”

对于有这样独特而精准要求的人，推荐用高温火山灰包埋的方法。入门篇中提到“想成为化石的话，死后应避开火葬”，但这个方法是例外。选择这个方法无法保留皮肤、肌肉和内脏等软组织，骨头的话倒有可能留下。这个方法最大的特点是，人生的最后一刻会被瞬间定格。灌入石膏的话，石膏像栩栩如生。

被火山灰掩埋的人类化石，虽然历史记录较少，但来自公元 79 年的化石却闻名遐迩。

那就是庞贝古城中的化石。

庞贝古城是一个曾位于意大利南部那不勒斯湾沿岸的城市，始建于公元前 8 世纪。之后，发展成为罗马帝国时代贵族们的别墅区和疗养地。

公元 79 年 8 月 24 日下午 1 点左右，距离庞贝古城西北 10 千米左右的维苏威火山爆发。大量火山灰笼罩庞贝，随后火山碎屑流席卷而来。

火山碎屑流是指火山喷出的除熔岩以外各种高温物质（岩石和灰）与气体混合后形成的高速气流。火山碎屑流贴近地面冲出，造成庞贝古城被毁，2000 人死于这场灾难。高温和窒息导致遇难者在数秒之内死亡。之后，遗骸被高温的火山碎屑流吞噬，并被厚厚的火山灰覆盖，随着岁月腐朽。

19 世纪，负责推进庞贝遗迹发掘进程的考古学家朱塞佩·菲奥雷利注意到，在沉积的火山灰中有人形空洞，这是遗骸腐化后留下的空洞。菲奥雷利将石膏灌入，利用火山灰形成的铸型，制作了复制品。待石膏凝固成型后，再将火山灰形成的铸型去掉，就留下呈遗骸形态的石膏像[01]。

利用这个方法，我们可以得知遇难者们在死亡来临前是什么样的状

01
成为铸型的遇难者
将石膏灌入庞贝遗迹中的人形空洞，“复原”当时场景。人们衣服的褶皱都能呈现。来自意大利。

态——因畏惧死亡而表情扭曲，似乎在说“我不想死”“为什么我要死”。不只是人类，我们也发现了神情痛苦不堪的狗[02]等动物。真是令人痛心疾首的场景。

正如其文字所述，石膏像即石膏制品，它并非生物体本身。但是，这不是单纯的石膏复制品。它的特征在于其内部结构。

19 世纪，菲奥勒利采用了将石膏注入火山灰形成的铸型中的方法。火山灰会形成铸型，这是长年累月皮肤和内脏等软组织腐化的结果。

而人类、动物并不是只有软组织，脊椎动物有骨骼、牙齿，这些硬组织会变成什么样呢?

近年来，在“考古学史上野心勃勃的修复事业”（美国国家地理网站 2016 年 4 月 14 日新闻）项目中，其中一项是对铸型出来的石膏像进行 CT 扫描，结果发现石膏里有骨头和牙齿。

最引人注目的是牙齿。项目组的牙科专家可以根据牙齿情况来确定牙齿主人的职业，推测其日常生活饮食情况，这样我们就可以了解庞贝人的真实生活了。

虽说是石膏像，但其内部也包含了一部分遗骸。这也是变成化石的方法之一。如果你想选择这种独特的方法的话，虽然死前的几秒钟

02
连狗也……

狗的铸型，神情痛苦不堪，项圈清晰可见。来自意大利。

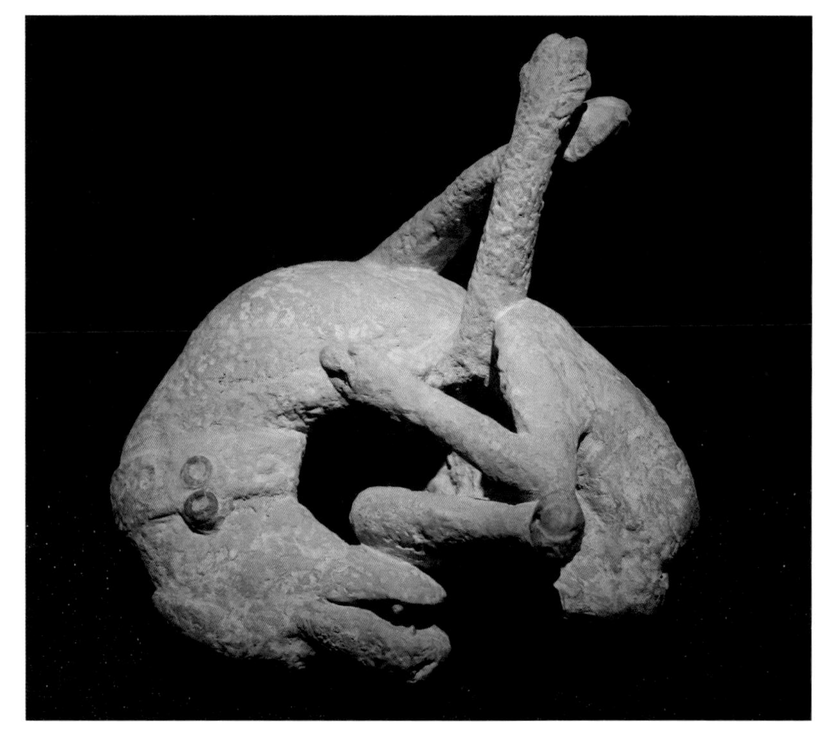

会感到十分痛苦，但还是推荐你将它视为成为化石的备选方法之一。

菲奥雷利采用的庞贝人复原法，就是往空洞里灌入石膏。火山灰中尸体的软组织因腐坏而消失，但内部可能有硬组织残留。

小于 0.1 毫米的构造都得以保留

被火山灰掩埋后，生物体的大部分组织会腐坏消失，只剩下铸型。这样的化石，并非只出现在人类身上。

位于英国英格兰西部的赫里福德，有约 4.25 亿年前的火山灰堆积而成的地层。在该火山灰地层中发现了生活在古生代志留纪中期的生物铸型化石。

志留纪气候温暖，最古老的陆地植物化石就是从这个时代的地层中发掘出来的。由于几乎没有关于陆地动物化石的任何记录，特别是脊椎动物，所以一般认为当时还没有能在陆地上生活的动物。那时生命活动的主要舞台在水中，蝎子类的节肢动物在那里逍遥自在。虽然有鱼，但体型较小，在生物等级里属于弱者，志留纪就是这样的时代。

赫里福德的火山灰地层较厚处约 1 米，这里面沉睡着曾经生活在水深 150 ～ 200 米处的海洋动物。但这并不意味着火山灰里就有化石，火山灰中有大小为 2 ～ 20 厘米的岩块，岩块里面有化石的铸型。这个岩块被称为“团块”或者“结核”，本书中统称“结核”。

给大家介绍几个结核中的海洋动物化石吧。

在赫里福德报告的多种化石中，最佳化石就是奥法虫（*Offacolus kingi*）[03]，其形态也好，保存也罢，都极具震撼力。

该螯肢动物全长约 5 毫米，属于节肢类。只有后背有一个半圆形的壳，身体末端有一根 0.2 ～ 0.3 毫米粗的刺，侧腹后部两侧有宽度为 0.75 毫米的鳃状结构，并且有十根附肢（也就是腿），附肢粗细均不足 0.4 毫米。除去中间的两根以外，其余八根每两根根部相连，前侧附肢的根部长着极细的刚毛。“带有刚毛的附肢”的生物化石异常珍贵，目前虽然无法确定这个刚毛的作用是什么，但如此细微的结构都能作为化石保存下来，这件事本身已经非常让人震惊了。

说到令人震惊的完好保存，一种全长约5毫米、名为“惊奇巨茎泳虫（*Colymbosathon ecplecticos*）”的介形虫类[04]生物也毫不逊色。介形虫属于甲壳纲动物的一种，它的特征是有两枚碳酸钙外壳，多数情况下，这个壳会变成化石，作为确定地层时代的标准化石以及推测地层堆积环境的指相化石（指示生物生活环境特征的化石）使用。介形虫类约有5亿年的历史，目前依旧存活。

03
连极细的刚毛都保留了下来
从英国赫里福德的结核中复原的螯肢动物。全长约5毫米。

04
世界上最古老的雄性
全长约5毫米的介形虫类复原图。去掉坚硬的外壳（右图）后，内部的构造清晰可见（左图）。来自英国。

在英国赫里福德发现的惊奇巨茎泳虫化石，不仅外壳，连内部的构造都清晰可见，由此可获得关于它的各种附肢、内脏以及眼睛形状的信息。其中最让人惊叹的是还能确定它的雄性生殖器。

除了狗等一部分动物的阴茎里有骨头外，不论脊椎动物还是无脊椎动物，大多数情况下生殖器都是软组织结构。变成化石后，软组织能保

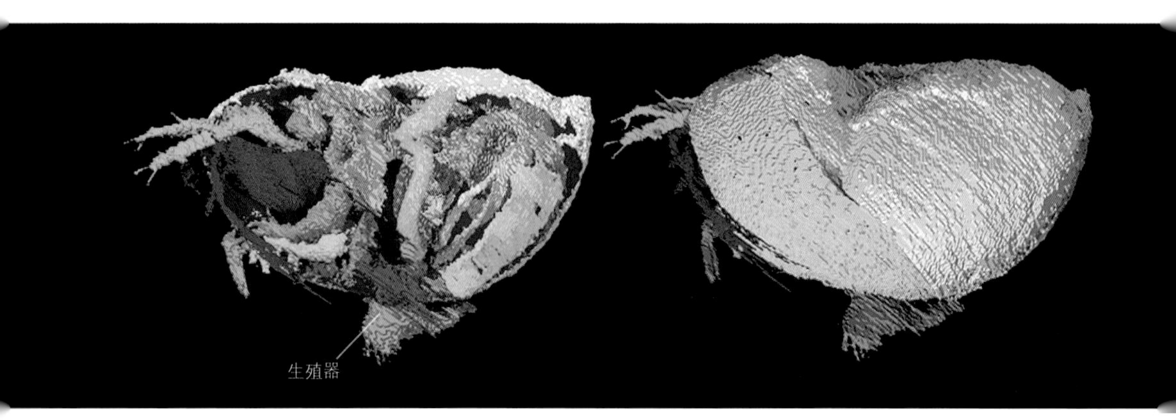

05
从细节了解生物
全长约1厘米的节肢动物风筝携带虫身上有极细的线。

存下来极其罕见，因此对于发现的化石到底是雄性还是雌性，往往众说纷纭。

但是，惊奇巨茎泳虫留下了生殖器的形状。这是迄今为止可考证的最古老的雄性生殖器。

这个话题不只在古生物界，在大众视野里也引起了广泛关注。英国广播公司（BBC）在2003年12月，以“发现古代阴茎化石（Ancient fossil penis discovered）”为题做了新闻报道。

再给大家介绍一种动物。一种名为“风筝携带虫（*Aquilonifer spinosus*）”的节肢动物[05]，拥有接近1厘米大小的外壳，头部长有两根比外壳还长的触角，有多根附肢，身体后端长有细长的刺。

风筝携带虫化石最引人注目的一点是，在同一个结核里，有十个全长1～1.5毫米的其他小型节肢动物。这些小型节肢动物和风筝携带虫之间连接着非常细的线。

有人指出这些小型节肢动物是聚集或者寄生在风筝携带虫身上的另一种生物。但是，那些极细的线否定了这种说法。如果是寄生，风筝携带虫完全可以把线切断，何必还连着呢？从这点来看，或许这些小型节肢动物与风筝携带虫是某种共生关系。

发表风筝携带虫报告的美国耶鲁大学的索雷克·E.G. 布利克斯团队指出，这些小型节肢动物是风筝携带虫的幼体，用线连着或许是成年的风筝携带虫带着幼年的风筝携带虫散步。那会是这样一副光景吧，“宝宝们，好好跟紧，别跑丢了”。有这种习性的节肢动物，在现代种类里实属罕见。正因为这些极细的线被保存下来，所以才能这样推论。

要有身体无法保留的觉悟

附肢的刚毛、生殖器、带孩子的线，这些小型生物身上细小又柔软的部位是如何保存下来的呢？

关于赫里福德的化石，英国牛津大学的帕特里克·J. 奥尔研究团队在2000 年发表了论文。在这里给大家介绍下该论文提出的假设。

首先，必要条件是火山灰，颗粒物越细越好。埋进火山灰的遗骸渐渐腐烂，相关物质会慢慢从周围的火山灰中析出。火山灰中的矿物质成分就沉积在遗骸周围及内部，特别是钙和磷酸盐会积聚在内脏里。

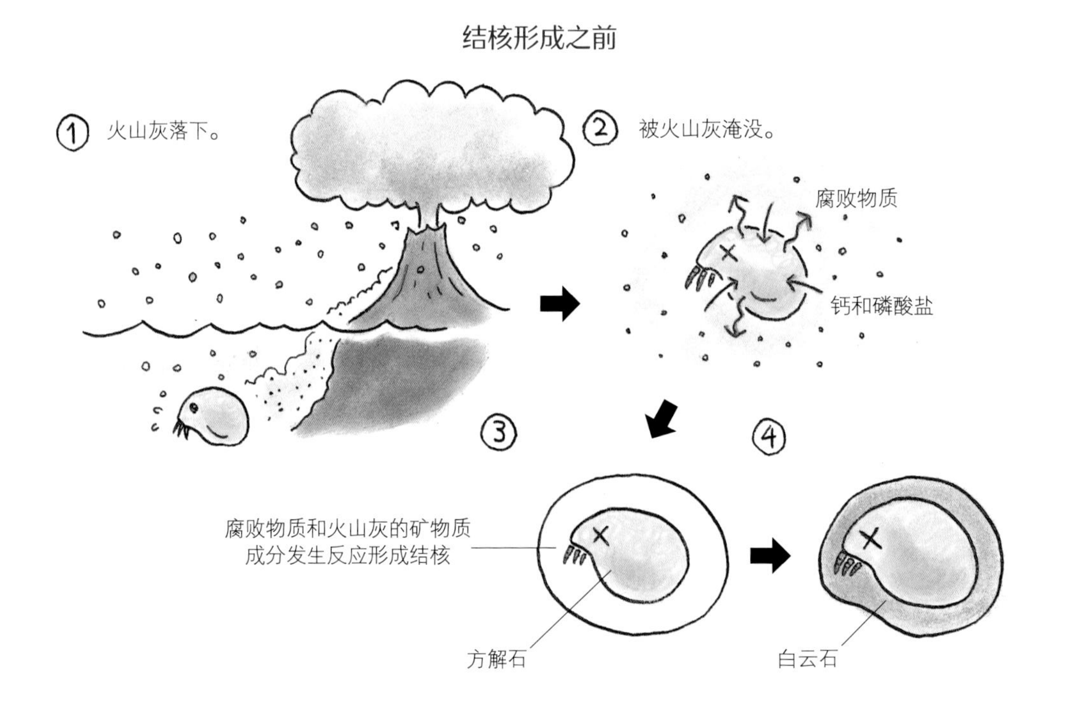

一方面，从遗骸中渗出的腐败物质与火山灰的矿物质成分发生反应，在遗骸周围形成铸型，遗骸的形态由此被定格。另一方面，钙渗透进遗骸内部，形成方解石。普遍认为大概在这个过程中，包裹着生物体的结核得以形成。

最后，随着火山灰的矿物质成分与海水中含有的钙、镁等之间发生反应，遗骸周围形成了一种名为“白云石”的矿物。被岩石包裹的赫里福德化石就是这样形成的。

说了这么多，实际上赫里福德和庞贝古城的共同点就是“火山灰中的铸型”。此外，你注意到它们之间标志性的差异了吗？庞贝古城是将石膏灌入火山灰中的空洞从而制作复制品。但是，赫里福德的化石是方解石在内部聚积形成的。

赫里福德的化石大多数全长不足 1 厘米。在如此小的标本里，小于 0.1 毫米的构造因方解石和白云石而得以保留。将如此细微的结构从结核中挖掘出来是极其困难的事。

一般的化石研究法中，面对如此微小的化石不采取使用钻头的物理方法，而是采用使用药剂的化学方法从母岩中将其取出。人们利用化石

结核的 CG 复原

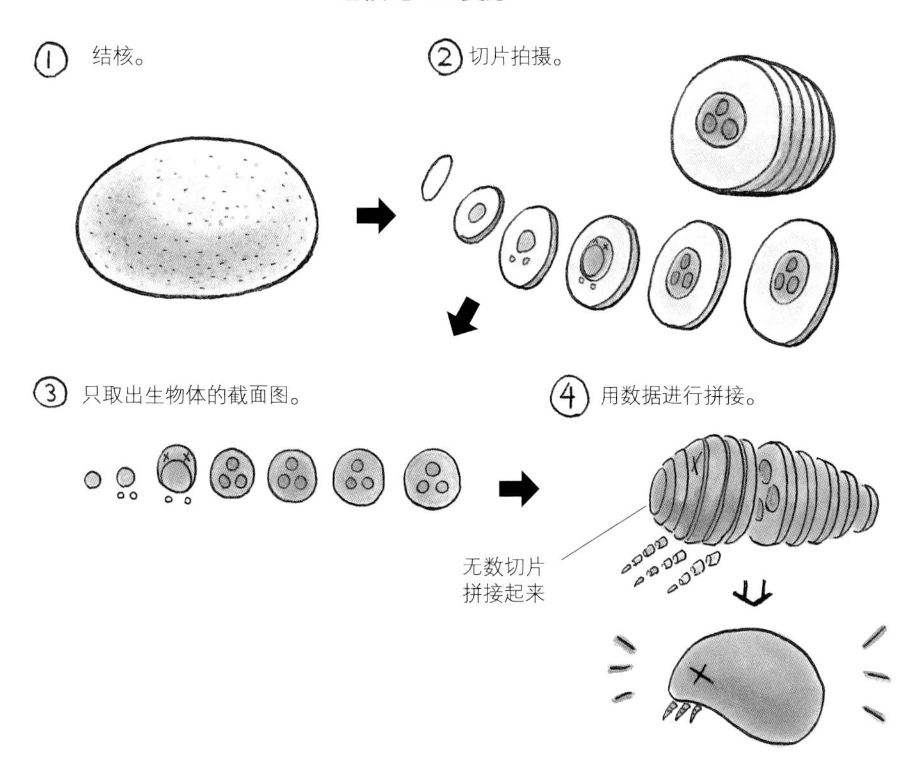

和周围物质的化学成分差异，溶解掉周围物质。之后，通过显微镜找到化石，进而分析。

但是，英国赫里福德的化石无法使用上述方法，那里掩埋的生物体被火山中的矿物成分渗透。因此，化石成分与火山灰成分基本相同，如果用药物将火山灰溶解，化石也会被溶解。

那么，赫里福德的化石是如何被取出来的呢？书中第七十六页和第七十七页的示意图就是化石的原貌吗？这些图片是电脑绘制出来的，并非化石本身，也不是所谓的复原图。

我来为大家解释一下吧。

无论是用物理方法还是化学方法，都无法将赫里福德的化石取出。因此，研究人员们采用了一个大胆的方法，那就是放弃取出。

研究人员将结核以 30 微米的间距（不足人类头发丝粗细的一半）均匀切片，将切片的截面一一拍照，最终照片超过 2000 张。然后，将截面图上传到电脑后拼接，绘制出了图片。去医院拍过 CT 的人都知道，将 CT 拍摄的截面图连在一起的话，无论是内脏形状，还是人的外形都能得到严谨的再现。这种方法会切断结核和铸型，因此化石本身无法完整保留。

如果想利用火山灰将自己变成化石，那么你是想像庞贝古城的化石那样形成铸型，还是想像赫里福德的化石那样把身体内部置换成其他化

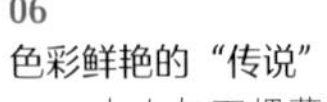
06
色彩鲜艳的“传说”
火山灰下埋藏的湿壁画，色彩鲜艳，向我们述说着 1900 年前的文化。

庞贝古城保存法

庞贝古城保存法能够保留身体的轮廓和湿壁画。选择赫里福德保存法的话，虽然身体无法完整保留，但细节部分会作为电脑数据留存，届时可以随意上色。你会选择哪一种保存法呢？

学成分呢?

另外，庞贝古城的火山灰将整座城市全部埋没。石灰岩和凝灰岩建造的街道、剧院、道路等建筑物在顷刻间被定格。因此，这些由岩石建造的建筑物也在一瞬间成为化石而留存至今。

在庞贝古城还残留着湿壁画[06]。这种使用石灰创作的艺术品在火山灰的热度下尽管可能会变色，但庞贝古城保留下来的湿壁画颜色却依旧鲜艳夺目。也就是说，庞贝古城这样的化石保存法，或许可以保存艺术品。试着用石灰岩的雕像或者壁画留下自己活着时的样子、喜爱的物品以及生活过的街道风景，将留给后世发现者的信息这样处理，怎么样?

而赫里福德保存法只能作为数据保存在电脑里。虽然不能将色彩等信息保留下来，但作为数据保存，之后的管理会格外简单。如果未来世界也有网络的话，可在全世界范围内共享信息。

说到这里，你到底喜欢哪一种方式呢?

石板篇

建材和室内装潢的好材料

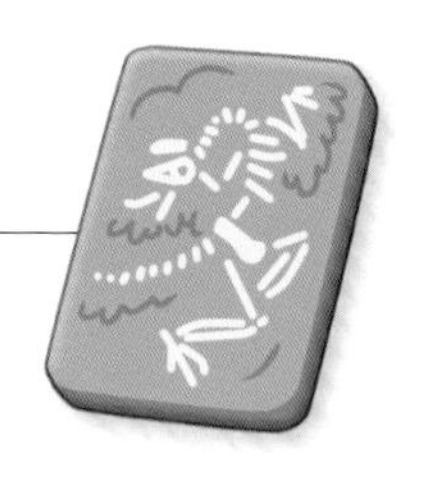

保存状况良好的化石产地

有这么一种化石，可以装饰在客厅里。如果保存状况良好，加上边框，用来装饰墙壁，将是无与伦比的艺术品。

这就是来自德国南部索伦霍芬的化石。如果你想成为一块保存状况良好的化石的话，了解一下这里的化石没有坏处。

出产保存状况良好的化石的地层被称为“化石矿床”。本书目前介绍的基本都是化石矿床，接下来要介绍的索伦霍芬，在世界各地的化石矿床中知名度最高。这个东西长约 100 千米、南北长约 50 千米的区域分布着约 1.5 亿年前沉积的石灰岩（侏罗纪后期）。

要说索伦霍芬的代表性化石，那就不得不提始祖鸟（*Archaeopteryx*）了。可以说正是因为始祖鸟的出土，索伦霍芬才声名远扬。

目前为止，已发现十个以上的始祖鸟化石。其中，1861 年报告的“伦敦标本”和 1876 年报告的“柏林标本”保存状态良好，值得夸耀。这两个标本全身保存得近乎完整，各部位的骨骼质感栩栩如生，骨骼周围的石灰岩上还保留了羽毛的痕迹。

我们先从柏林标本[01]开始吧。这个标本的图片早就在各大媒体上露过面了，或许大多数人都见过，一提到始祖鸟，大多数人脑海中首先浮现出的可能就是这个化石。它全身仰卧，身体大大地展开，尾巴、四肢、头骨保存得十分完美。这个标本除了有鸟的翅膀外，还有现代鸟类没有的特点，那就是它没有喙，口内有牙齿。因此认为始祖鸟属于爬行类与鸟类间演化上的“遗失环节”，这让它从达尔文时代起就受到广泛关注。

01
始祖鸟柏林标本
说到始祖鸟，对此有一些了解的人都会想到这个标本（右图）！它的细节保存完好，羽翼可见，非常美丽。你想成为这样的化石吗？来自德国。

接下来介绍伦敦标本[02]。这个化石在离身体稍远的位置保存着颅内模，颅内模就是大脑的容器。即使脑组织没有变成化石保留下来，通过调查颅内模，我们也能了解其大脑的大致结构。CT 扫描伦敦标本的颅内模后，结果显示它的三个半规管和现代鸟类一样发达。半规管的作用是保持平衡，由此可推断始祖鸟有平衡感。在古生物中有这种能力的物种可不多。

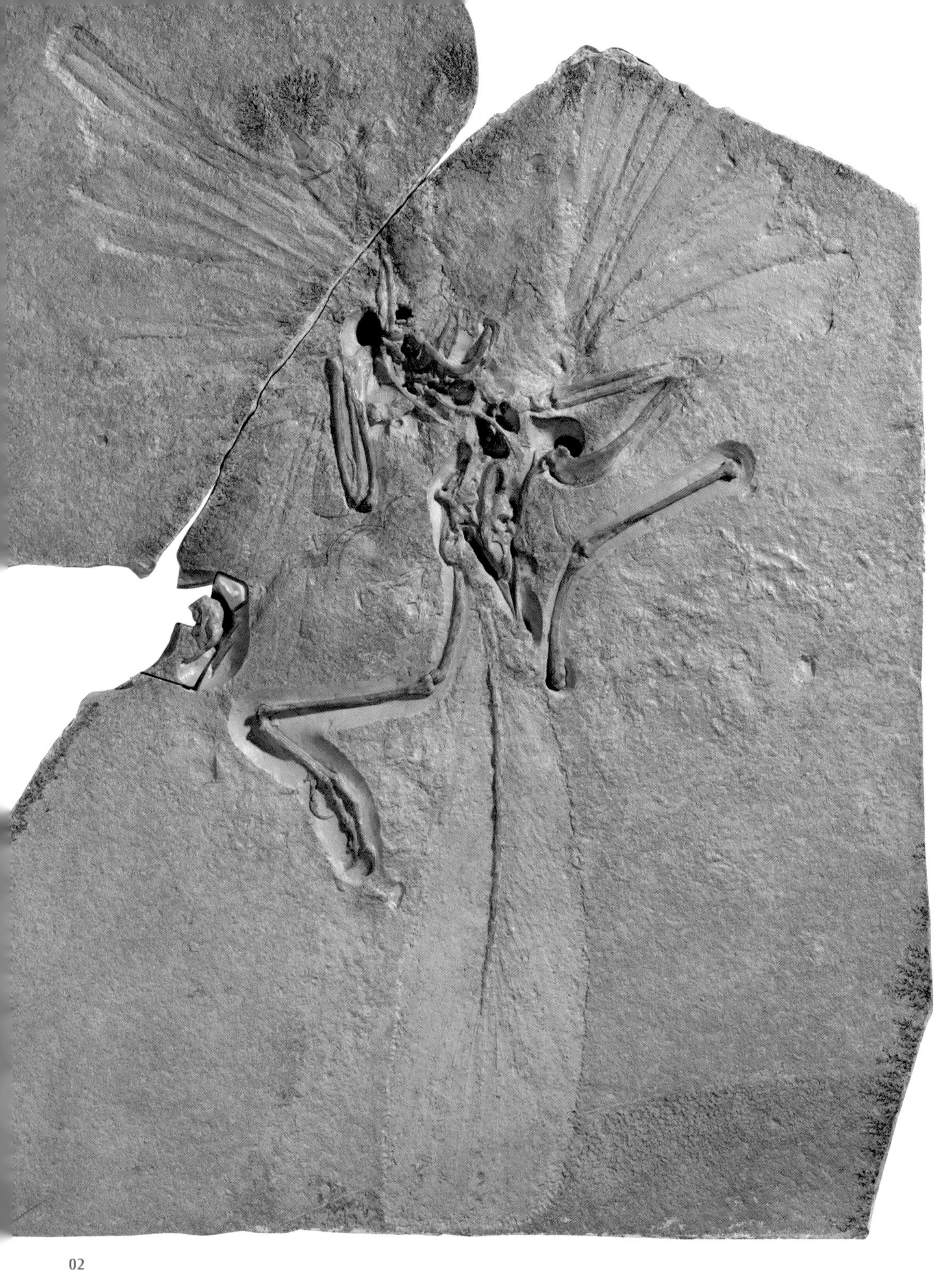

02

始祖鸟伦敦标本

在图片左侧的右爪附近（扭曲呈L形）保存着颅内模。来自英国。

通过始祖鸟保留下来的用于制造黑色素体的细胞物质，一般认为始祖鸟全身为黑色。但是，毕竟是显微镜下才能观察到的物质，或许始祖鸟只有某部分是“黑色”。目前，始祖鸟按照黑白的模式复原。

多亏这么细微的构造变成化石保留了下来，这成为始祖鸟生命演化研究史中的重要佐证。

化石还成就了始祖鸟颜色方面的研究。大多数情况下，化石无法告诉我们生物活着的时候是什么颜色。但是，2012 年，美国布朗大学的莱昂・M. 卡尼研究团队从始祖鸟的羽毛化石中发现了名为“黑色素体”的细胞物质——并非色素保留了下来，而是制造色素的器官保留了下来。

黑色素体的特征是其形状会随产出色素的不同而发生变化。卡尼团队将始祖鸟羽毛化石中的黑色素体形状与 115 根现代鸟类羽毛做比较，其结果显示，始祖鸟的羽毛 95% 以上的概率为黑色。

2013 年，英国曼彻斯特大学的菲利普・L. 马丁研究团队，用 X 光分析化石上残留的成分来推断其颜色。其研究结果显示，卡尼团队研究得出的“95% 以上的概率为黑色”的说法仅限于始祖鸟羽毛外侧，内侧部分应该是明亮的颜色。这样的分析结果，使始祖鸟化石在古生物化石中显得尤为珍贵，它的颜色引发了学术界的讨论。

似松鼠龙复原图。令人惊叹的化石在下一页揭晓。

不只是始祖鸟，索伦霍芬还产出了各种脊椎动物的优质化石。这里给大家讲讲 2012 年报告的似松鼠龙（*Sciurumimus*）[03] 的故事。

似松鼠龙是一种全长 70 厘米的小型恐龙。这具化石保存完好，从鼻尖到四肢，再到尾巴尖都保存得非常完整，其尾巴根部有羽毛。

03

咦，这个是真品吗

似松鼠龙的化石。第一次看到这张照片时，我忍不住又看了两遍，并向学者朋友反复确认这是“真品”。化石竟然保存得如此完好，牙齿、爪尖、肋骨，甚至羽毛都保留了下来。标本全长约 70 厘米。来自德国。

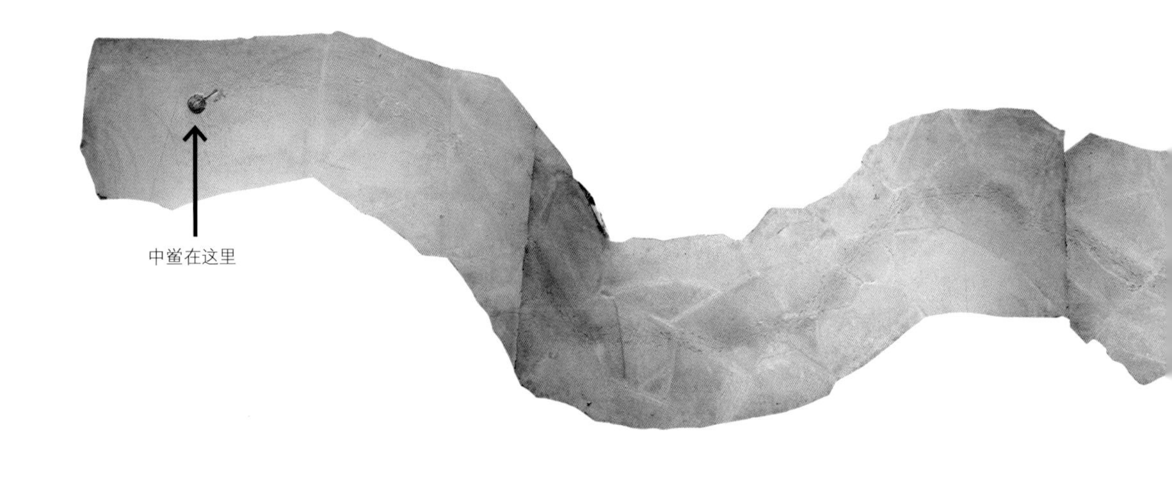

之前，也有一部分的恐龙复原时带有羽毛。但像这样留下直接证据的并不多。

看到这儿，你应该已经了解德国索伦霍芬的化石因良好的保存度在学术界有相当高的价值的原因了吧。反正都要成为化石，要不要试着成为这样的化石？

保留最后的挣扎痕迹

无论是谁想成为化石，前提都是终止生命活动。选择在活着的时候就变成化石实在太鲁莽，还请慎重考虑。

不过，在自然界中常常没得选。总有生命对突如其来的死亡感到畏惧，因而垂死挣扎。这种痕迹也可以变成化石保留下来，在索伦霍芬，就有不少这种有挣扎痕迹的化石标本。

其中具有代表性的化石是属于鲎科的中鲎（*Mesolimulus*）的死亡之路。中鲎除了身后有刺外，其他部分与现代的鲎非常相似。索伦

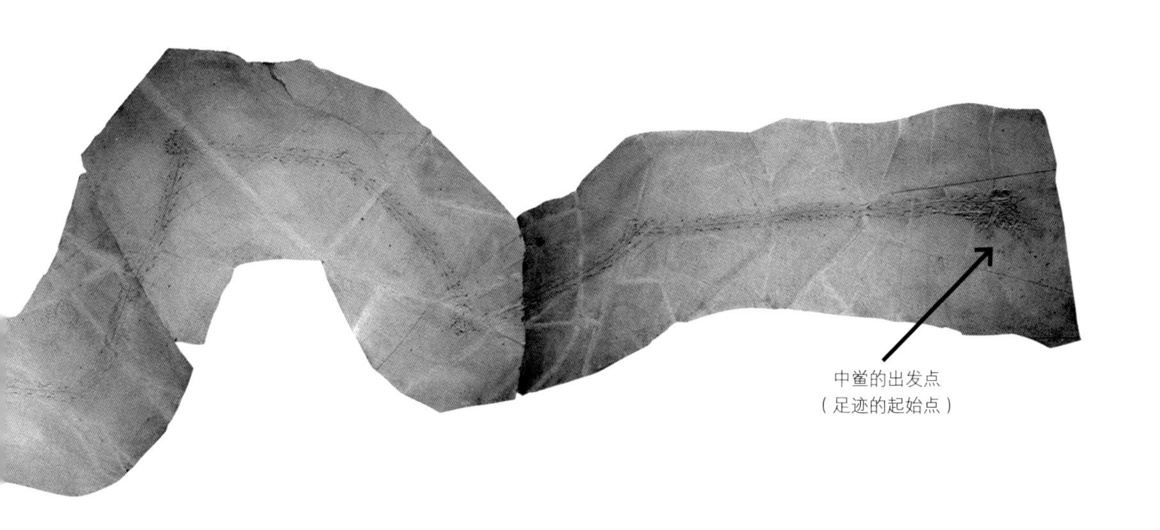

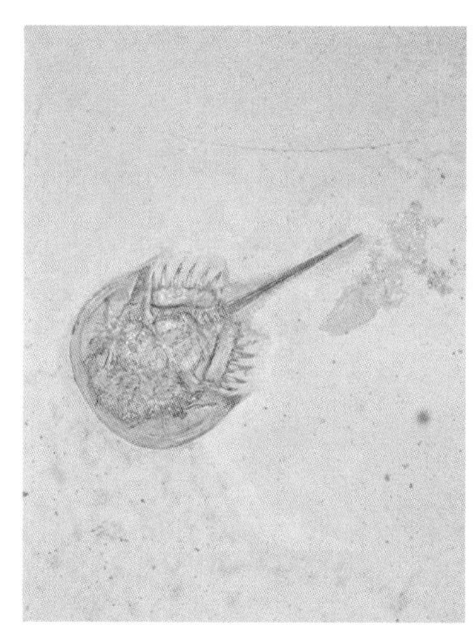

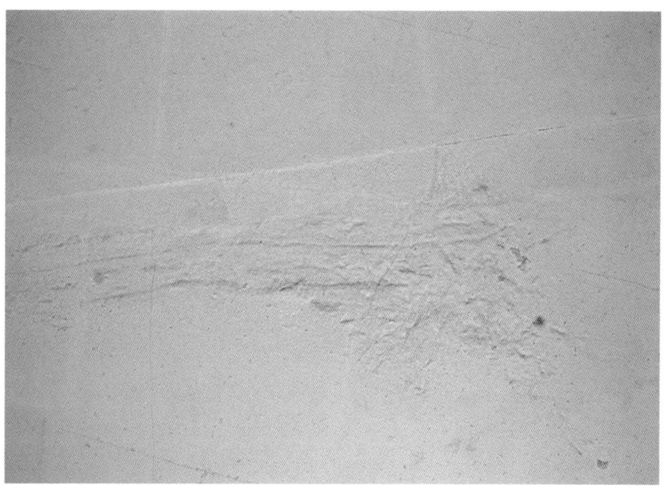

04
痛苦地挣扎着……

中鲎“死亡之路化石”（上图）。上图的右端是起始点（放大后是右下图），左端是留下足迹的生物主体遗骸（放大后是左下图）。这是痛苦挣扎的前进痕迹。来自德国。

霍芬的化石中，中鲎垂死挣扎留下的痕迹[04]有几处变成化石保留了下来。

2012年，英国唐卡斯特博物馆的迪恩·R. 罗马克斯和美国怀俄明州恐龙中心的克里斯托弗·A. 雷尔克发表的《中鲎足迹化石报告》中提到，中鲎持续游了9.6米远。在这漫长足迹的终点发现了一个中鲎化石。在足迹起点的地方保留着中鲎弥留之际的样子——它先原地打转，仿佛在试探前进的方向，前进后曾两次90度转向，中途休息了一会儿，然后继续前进，最后死去。在中鲎身上到底发生了什么，这个后续会说明。此外，研究团队在中鲎前方还发现了一个有数十厘米移动痕迹的虾的化石[05]。

05
痛苦……

图中右侧是虾在死亡前留下的足迹化石。它痛苦挣扎，最后精疲力竭地死去。来自德国。

足迹化石本身算不上珍贵。它并非生物本身，只是作为生物痕迹留存，在日本的群马县、福井县、富山县都发现过恐龙的足迹化石。大多数情况，无法确定足迹的主人到底是谁。虽然根据足迹可以大致判断其分类，但能具体到种类的并不多，更何况能确定是哪种个体留下的就更罕见了。

但是，索伦霍芬的足迹化石完全不同。毕竟，这个足迹的前方就是化石。虽然没有发现脊椎动物，但索伦霍芬给后世留下了死亡前的故事。但是，无论如何我也无法向大家推荐这种方法。毕竟无论是中鲎还是虾，想必在临死之前都饱尝痛苦。

低氧的礁湖……

中鲎和虾痛苦死去的原因也是索伦霍芬能保留优质化石的原因。

在侏罗纪后期，包括索伦霍芬一带的德国南部大部分还是海洋。这片海在当时温暖气候的影响下，生长着大片的海绵和珊瑚礁。

由于地形复杂，这片水域因礁石而与外海隔绝，形成湖泊。说隔绝

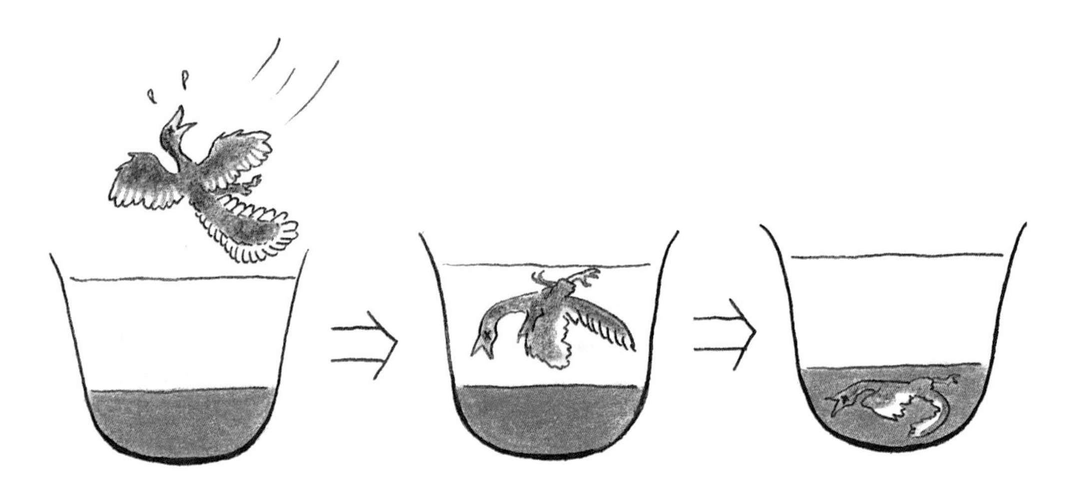

当时，索伦霍芬周围的水底附近是一片无氧的“死亡水域”。始祖鸟因某种缘由掉落湖底，其遗体被石灰质的微型浮游生物（一种非常小的带有石灰质壳的浮游生物）的遗骸掩埋因而得以保存。

但也并不是完全隔绝，暴风雨导致水平面上升时，湖泊就会与外海连接。

虽然如此，温暖的水域一旦与外海隔绝，其水分就会渐渐蒸发，导致湖水盐分浓度慢慢上升。盐分浓度升高，水会变重，并往湖底下沉。另外，与外海隔绝的湖泊，由于水循环无法正常进行，难以吸收新的氧气。其结果就是，接近湖底的水渐渐变得高盐分低氧。引用总结古生物学基础信息的《古生物的科学 5　地球环境与生命史》中的话来说，这时的深水处已经成为“死亡水域”。

高盐分低氧的环境对于生命体而言简直是死亡地带。盐能起到脱水的作用，比如腌菜时，蔬菜里的水分会渐渐流失。动物在盐分浓度非常高的环境里也会发生同样的事情，体内水分如果完全流失，就无法生存下去。关于低氧环境大家都知道怎么回事，这里不再赘述。

当然，没有任何一种生物喜欢这样的环境。目前最有力的假说认为，在这样的环境下变成化石的生物多是命运不济被暴风雨等意外带到湖中的。普遍认为一旦动物被送进这片死亡水域，大部分是即刻死亡。但像鲎科和甲壳类等生物，多少对高盐分低氧环境有一定耐受力，在死亡来临之际会做最后的挣扎，其挣扎过程中形成的“死亡之路”就变成化石保留下来。之前介绍的中鲎和虾不知什么缘由突然沉到湖底，它们本能地挣扎求生，最后死去。一想到它们临死前的痛苦挣扎，我的心就隐隐作痛。

这片死亡水域不仅没有肉食动物，甚至连分解动物遗骸的细菌都没有。正因如此，沉入湖底的遗骸才不会被破坏，并作为化石保存了下来。

再者，如果是暴风雨将动物运送到这片死亡水域，强劲的水流也会将堆积物一块儿运来，再次形成堆积将沉入湖底的动物遗骸迅速掩埋。这就是索伦霍芬可以形成优质化石的原因。

作为建材而得以保留

索伦霍芬的石灰岩有个特征，就是可沿着一定方向将其切成薄片。

从历史方面来讲，在索伦霍芬，比起被岩石包裹的化石，包含化石的石灰岩母岩的特征[06]从古至今就备受关注。石灰岩因容易切割和加工成板材，而作为建筑物的墙壁、地板和屋顶的建筑材料得到广泛应用，其应用历史可以追溯至古罗马时代。

至今依然如此。索伦霍芬的石灰岩大多是白色、乳白色、蛋奶色，独特的色调使其常常被当作装饰墙壁的石材和铺地面的瓷砖使用，在日本也随处可见。特别是用索伦霍芬的石灰岩制作的瓷砖，广泛应用于一般住宅，在购物中心和网上都能买到。或许，在这些建材中隐藏着菊石这样的化石。如果不小心发现了始祖鸟级别的化石，那就真是重大发现了，届时请及时联系最近的自然博物馆。

索伦霍芬的化石像是夹在薄脆的岩石之间。它被压扁后，几乎所有的遗骸都在同一个平面上。即使有个别的壳和骨头能保持立体感，但整体也几乎是一个平面。

真正收藏和管理化石的人都知道（我在大学和研究生时期管理过化石，虽然数量较少，但目前也收藏了几个化石），“板状标本”无须讲究保存地点，可挂在墙壁上展示。如果想在未来成为能被漂亮装饰起来的化石，且不追求立体感的话，参考下索伦霍芬的化石形成原理。这种形成原理就是在经常有暴风雨的地区，沉没于礁湖附近，顺利的话可以形成石板状化石。正如本章开头所述，将板状化石带到艺术品商店去，

06

很容易切开成板材

索伦霍芬的石灰岩可以被漂亮地切成板材。正因如此，常作为建材被广泛应用。此外，在一些挖掘现场，缴纳一定费用就能体验化石开采。

就会被制成室内装饰品。或者，从某个建筑物所用的石材中，偶然间发现了你的化石，你由此一举成名。

但是，如果是索伦霍芬那样的石灰岩母岩的话，就必须注意远离酸性环境。不仅多数骨头和壳等硬组织抗酸性弱，石灰岩自身抗酸性也很弱。虽然室内环境并非能溶解石灰岩的酸性环境，但未来的事谁也无法预料。以防万一，请先了解它的不足。

另外，再次重申，请千万不要在活着的时候去尝试这个方法。回想一下前文所讲的中鲎的例子，不要让自己以及你最珍爱的动物经历同样的噩梦。

板状标本易于保存，装上边框后非常美观，是非常适合用来装饰客厅的化石。

油母页岩篇

用人工树脂完美保存

保存至细胞级别的“最后的晚餐”

如果你想把自己或者任意物品变成能让未来学者视若珍宝的化石，有一种方法很适合你。如果在成为化石之后，连所吃的食物都作为“最后的晚餐”保留在肠胃中，未来的学者肯定会非常高兴。

这样的化石不仅真实存在，而且具有很高的科学研究价值。毕竟它能帮助学者了解该动物都吃些什么，相关生态环境的研究价值也极高。

说到留下“最后的晚餐”的化石，就不得不提德国西部的麦塞尔化石坑了。

距今约 4800 万年前～ 4700 万年前，麦塞尔化石坑曾是一片被亚热带森林环绕的巨大湖泊。因此，该区域发现了大量的淡水鱼化石以及生活在湖边的各种动物的化石。在众多化石当中，给大家介绍三个保留了“最后的晚餐”的化石标本。

首先是名为“艾达”的灵长类麦塞尔达尔文猴（*Darwinius masillae*）[01]。

艾达全长 58 厘米，其中尾巴就占 34 厘米。该标本从头到尾保存得非常完整。关于该标本的分类众说纷纭，目前没有定论。

艾达有与人类相似的臼齿。从解剖学上观察它的牙齿，就能知道它的嘴是什么样。该标本发现之际，科学家首先从牙齿的形状来推测它的食性。艾达的牙尖小而圆，牙齿间有深深的凹陷，有这样牙齿的现代灵长类动物一般以果实和昆虫为食。

艾达的手脚引人关注之处在于它的手指较长，大拇指与其他手指相对生长，这是为了方便抓取物品。这种生活在树上的动物特征，与以果实、昆虫为食的牙齿特征不谋而合。

如果是一般情况，关于其食性的推测就到此为止了。然而，研究人员在化石里发现了它的“最后的晚餐”。乍一看化石，你是看不清胃里的食物的，但通过显微镜等高精仪器仔细观察后，在艾达的胃里发现了种子特有的细胞壁，除此之外还有树叶的残渣。但是，无论如

01
堪称完美
右图是在德国麦塞尔化石坑发现的名为“艾达”的麦塞尔达尔文猴标本。除骨骼细节清晰可见外，残留的软组织变黑，胃附近的“最后的晚餐”保存完好。来自德国。

何观察都没有发现昆虫的痕迹。从这一点来看，艾达与拥有相似牙齿的其他哺乳类动物不同，它主食叶子和果实，并不吃昆虫。

艾达主食叶子和果实。正因有如此优质的标本，我们才能了解得如此翔实。

像这样，通过胃里保留的细胞壁化石来推测其食性，是非常了不起的研究，艾达标本的保存状况实在让人惊叹！未来的人类（或者其他高等智慧生物）或许也会讨论我们的饮食习惯吧。在那时，如果能成为像艾达这样胃里的食物都保存完好的化石，将对研究大有裨益。

顺便一提，关于艾达的介绍在英国作家科林·塔奇的《关联》一书中有详细记载，感兴趣的读者可以参考。

接下来，给大家介绍第二个例子：授粉鸟类标本嵌合侏鸟（*Pumiliornis tessellatus*）的化石[02]，标本号码是 SMF-ME-1141a。

这种鸟全长不足 10 厘米，鸟喙细长，与现代的蜂鸟相似。但它到底是杜鹃的同类还是鹦鹉的同类，在其分类上仍有争论。

已确定在 SMF-ME-1141a 的体内有昆虫的残渣和大量的花粉。那么它这顿“最后的晚餐”就有两种可能：一种是分别吃下昆虫和花粉，另外一种就是吃了体内含有花粉（或者身体上沾着花粉）的昆虫。

关于这一点，发表了 SMF-ME-1141a 标本研究报告的德国森肯伯格自然研究协会鸟类学家杰洛特·梅尔和弗里格·维尔德认为，相比昆虫残渣，花粉占更大比重，应是分别进食了这两种食物。花粉的形态与豆科、唇形科、苦苣苔科植物花粉相似。

2017 年的报告指出，该鸟类的尾腺以及尾腺里面的油脂也保留下来成了标本。SMF-ME-1141a 使用油脂来梳理自己的羽毛，油脂能变成标本保存在化石里可是一件稀罕事。

再给大家介绍一个例子吧，化石的胃里保留的远不止于细胞壁和花粉。这是一条捕食了刚刚吃掉昆虫的蜥蜴的蛇[03]。这就像是俄罗斯套娃，意义深远。

02
花粉也保留了下来
羽毛痕迹变黑的鸟类标本 SMF-ME-1141a。将左图中的方框部分放大后就是右图。圆圈标记的地方就是留下大量花粉之处。

2016 年德国森肯伯格自然研究协会生物专家克里斯特・T. 史密斯以及阿根廷国家科学技术研究委员会的奥古斯汀・斯堪弗拉发表了这条费氏古蟒（*Palaeopython fischeri*）的研究报告，标本号码为 SMF-ME-11332。这条身长 103 厘米的年幼蟒蛇，属于蚺科近亲。虽有一部分欠缺，但它从头到尾都保留了下来。在蛇的消化道里还残留着身长不足 12 厘米的盖塞尔蜥（*Geiseltaliellus maarius*）近亲化石。这条蛇似乎从蜥蜴的头开始将蜥蜴完整吞下，蜥蜴化石的胃里还留有昆虫的残渣。

也就是说，这条盖塞尔蜥近亲吞下了一只昆虫，还没有来得及消化，它就被古蟒捕食了，而古蟒还没有来得及消化就死了，死后由于消化作用停止，它们就这样变成了化石。史密斯和斯堪弗拉指出，这是古蟒在死前 1 ～ 2 天里进食的“最后的晚餐”。各位读者，如果在临死前把刚吃饱的动物囫囵吞下的话，就有可能形成这种化石，但是不太建议大家尝试……

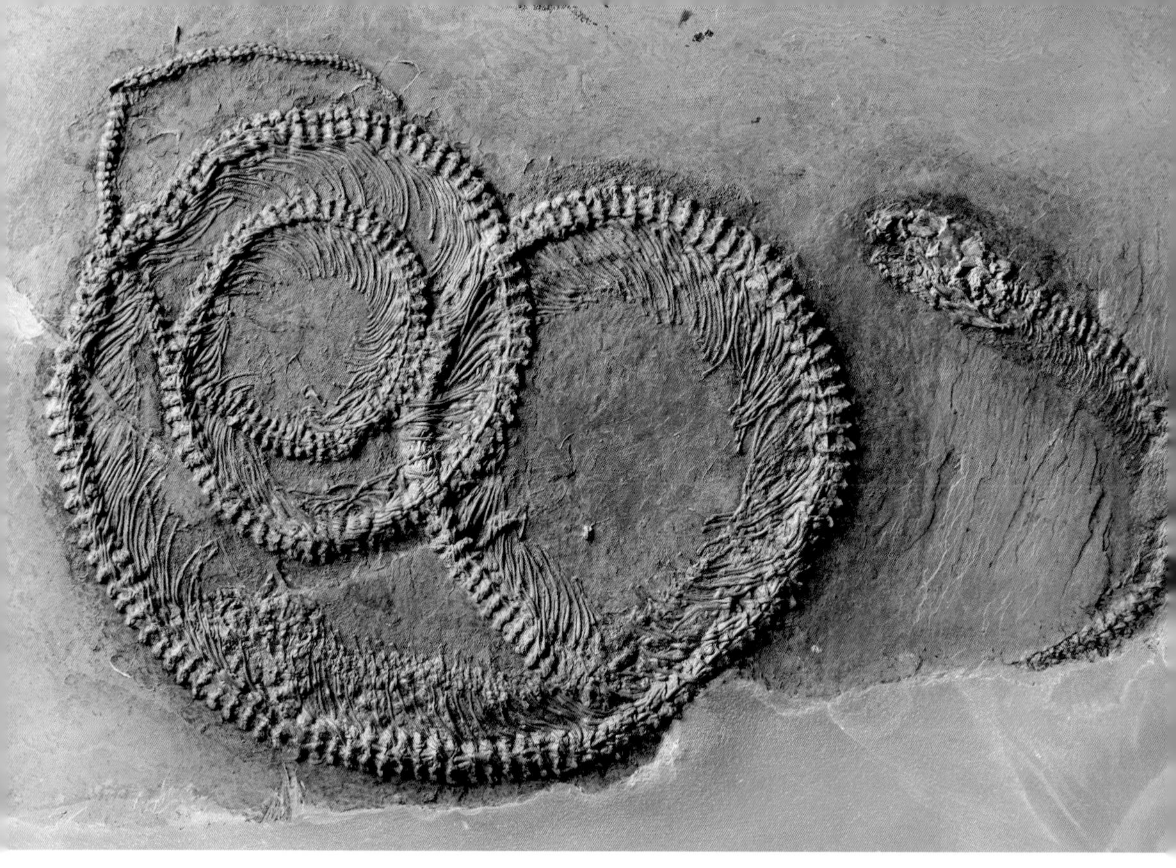

03

捕食了刚刚吃下昆虫的蜥蜴的蛇

将上图放大后，细节清晰可见（下图）。可看到蜥蜴（橙色部分）及其体内的昆虫（蓝色部分）。

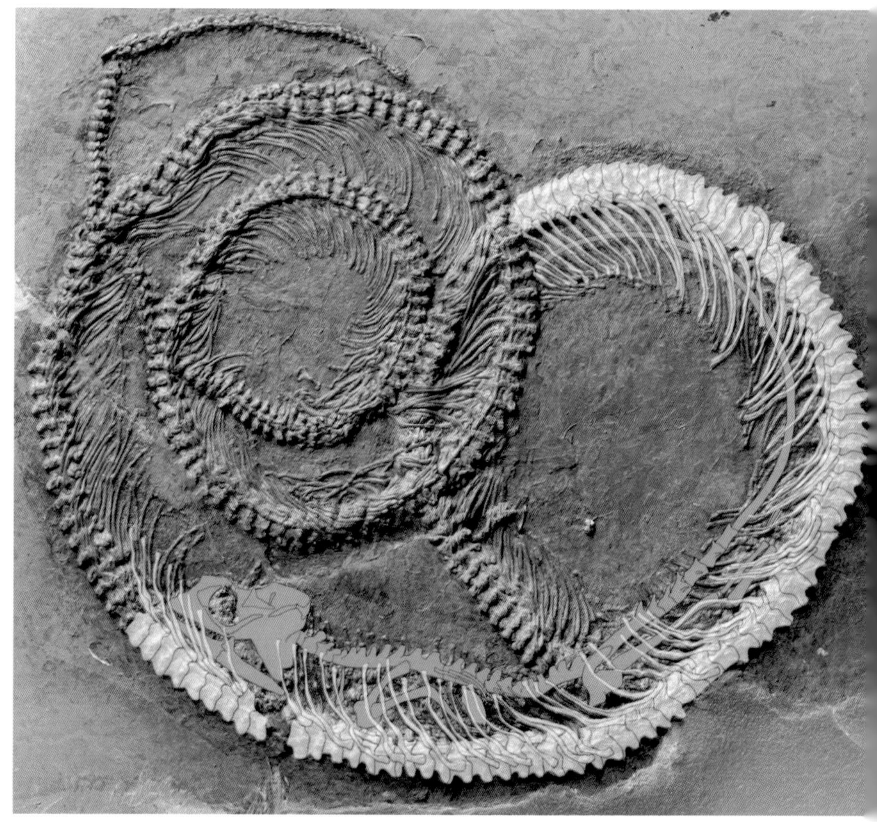

小型原始马类。前脚各有三趾，后脚各有四趾。

胎儿化石和保持交配姿势的化石

在麦塞尔化石坑出土的化石保存状况基本良好，不少都全身完好。在这些化石当中，有的化石还处于怀孕状态[04]。

2015年，德国森肯伯格自然研究协会的伊恩茨·罗伦茨·佛朗茨发表了名为“醉酒的小马（*Eurohippus messelensis*）”的欧洲马类化石报告。这匹欧洲马肩高约30厘米，体形小巧，与现代赛马场和牧场上身材修长的长腿马完全不同。另外，该欧洲马最大的特点是前脚各有三趾，后脚各有四趾。现代的马虽然只有一趾，但在过去也曾有过多根脚趾。

该化石的标本号码是SMF-ME-11034。佛朗茨他们使用X光扫描SMF-ME-11034标本时，发现它的腰部有一些细小的骨头。

马属于草食动物，这些细小的骨头自然不是它“最后的晚餐”。仔细观察X光片，人们推断这些骨头是母体内的胎儿。一般来说胎儿的骨头过于柔软，很难作为化石保留下来，像SMF-ME-11034这样胎儿变成化石的极其罕见，更难得的是连胎盘等组织也保留了下来。通过胎儿的骨骼，科学家判断出这匹欧洲马处于怀孕后期。

还有更奇特的化石。德国图宾根大学的沃尔特·G.乔伊斯研究团队就2016年在麦塞尔化石坑出土的龟类化石研究发表了相关报告。这些丽龟（*Allaeochelys crassesculpta*）在麦塞尔化石坑的众多化石中并不算稀奇。

但乔伊斯团队注意到这些龟类化石一共有九对。每一对都由体形较

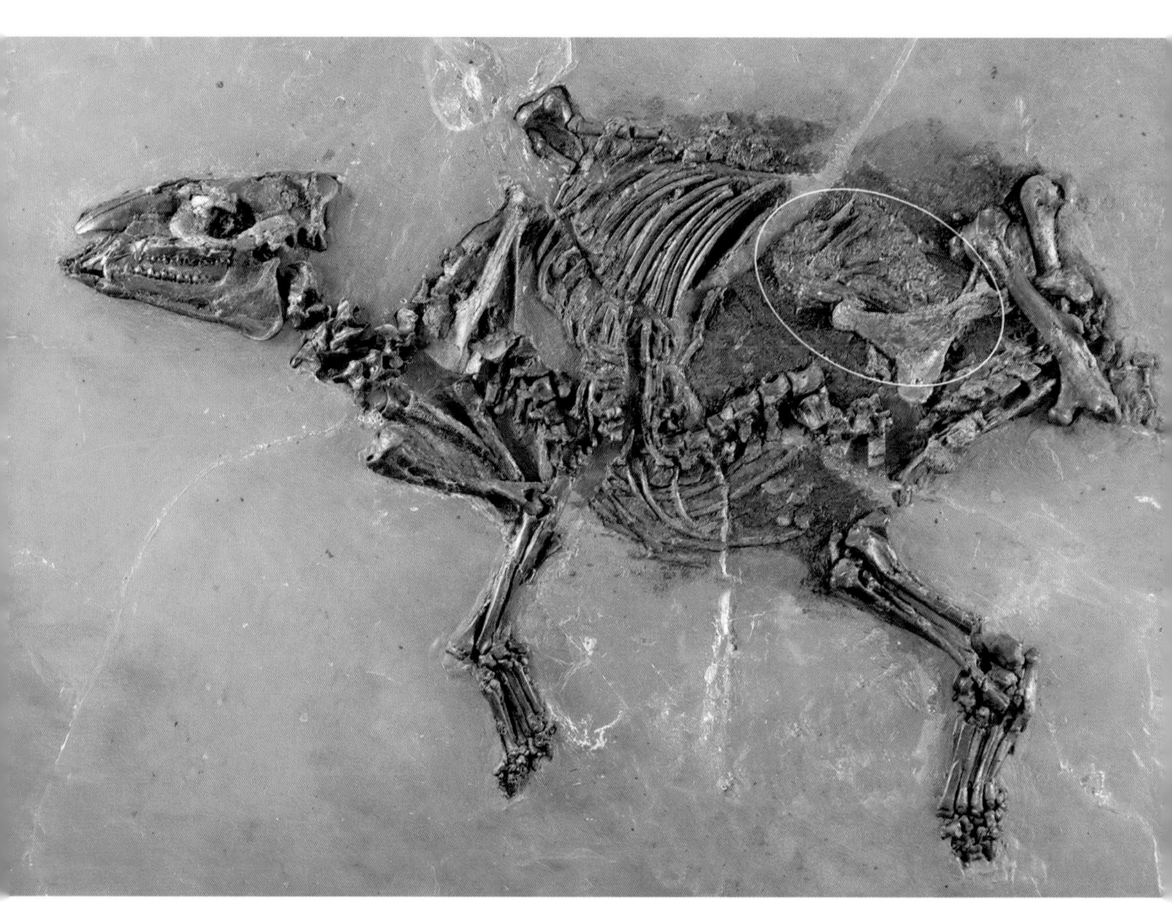

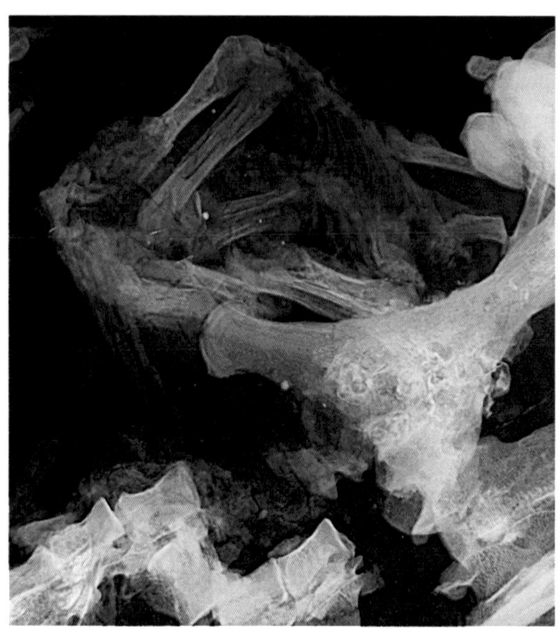

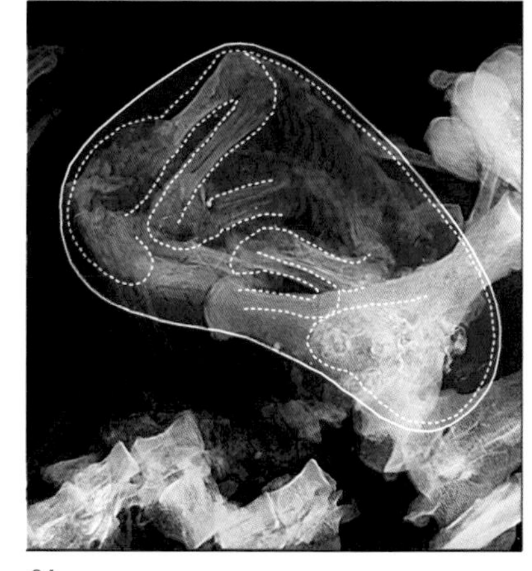

04

腹中有宝宝的欧洲马

欧洲马的骨骼保存完整，细节清晰。将上图圆圈部分用 X 光拍摄后便是左下图。为了能更直观，右下图用虚线圈起的部分就是胎儿的形状。来自德国。

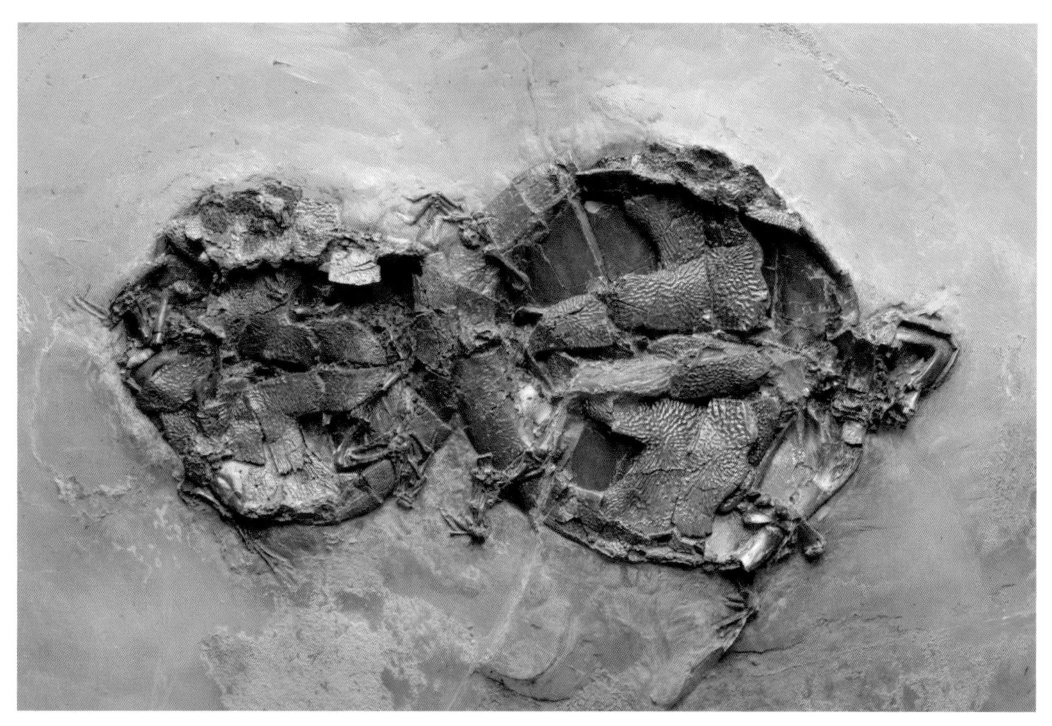

05
是因为太投入了吗
交配状态下变成化石的龟夫妇。这些龟相连着下沉到含有高浓度毒性的湖水深处，还未来得及分离就死亡。真是让人难过的标本。来自德国。

小的雄龟和体形较大的雌龟组成，且两只乌龟相互靠在一起，暗示两只乌龟是一对伴侣。这九对里的两对，雄龟的尾巴深入雌龟身下，且紧紧地靠在甲壳上。乔伊斯指出这是交配的姿势[05]。

没错，正在忙着交配就变成化石了。

这些化石的发现，并不能清楚地说明这些已灭绝龟类的交配对进化论有什么重大意义。为何在交配的时候突然变成化石才是重要的一点。任何动物都不会在生命危急时刻交配，能有心情交配，恐怕不是什么生死关头。

龟类本身就习惯于水中交配，有人推测龟在湖的表层水域开始交配，在下沉时继续保持交配状态。根据乔伊斯的推测，曾经的麦塞尔湖表层水域只是普通的水，但湖底层是高浓度毒性的水域。之所以成为化石，是因为它们沉到了湖底层中，还未来得及分离就已死亡。

含有石油的无氧环境

关于麦塞尔化石坑的死亡水域，我们再详细介绍一下。参考之前介绍的《关联》以及收录了世界著名化石信息的《世界化石遗产》继续为大家讲解。

麦塞尔化石坑所在地曾经是一片湖，直径约 3 千米，深达 300 米。其深度与当今日本青森县水深 326.8 米的十和田湖相近。但十和田湖直径约 10 千米。由此看来，麦塞尔湖是一个窄而深的湖。

关于该湖泊的形成有好几种假说。《关联》认为是火山湖，十和田湖属于火山湖，位于秋田县的被誉为“日本最深湖泊”的田泽湖也属于火山湖。火山喷发后，火山口形成大面积湖泊并不稀奇。

麦塞尔湖主要靠雨水和地下水的大量累积形成，并无河川流入和流出。由于缺少水循环，深层水域缺乏氧气，加之火山喷发，因此湖水底部的毒性很强。相反，在 10 米左右的表层水域中，氧水充足，能

麦塞尔化石坑的化石形成受多方因素影响。有毒的火山成分、无氧环境下的“死亡水域”以及堆积在湖底的石油成分……

使众多生物存活。因此龟并非在交配时全都沉入深水层，大部分的龟在沉入深层水域之前就已经结束了交配。

麦塞尔湖被亚热带森林环绕，枯枝烂叶会飘到湖中然后沉入湖底。加之湖面有大量藻类繁殖，这些藻类死亡后在沉入湖底的过程中腐烂、分解，耗尽了周围的氧气。

水深达到一定程度后，就形成了无氧环境。沉到这里的植物不会腐烂，而是会保存下来并在热量蒸发的过程中堆积，这样形成的地层就含有大量由植物形成的石油。故而，麦塞尔地层也被称为“油母页岩层”。

虽说是无氧环境，但也有极少数的细菌存活。对于它们而言，动物的尸体简直就是一顿大餐。吸入了火山气体等有毒物质死亡的动物，一旦沉入该地，细菌们就一拥而上，大快朵颐。

细菌开始活动便会消耗氧气并释放二氧化碳，分解尸体的细菌会向水中释放大量二氧化碳。这时，水中的化学成分与二氧化碳发生反应，生成菱铁矿。生成的菱铁矿将细菌和尸体一同覆盖，导致细菌窒息死亡。最后，被菱铁矿覆盖的遗骸保存下来。这便是麦塞尔化石坑能出产保存状况良好的化石的原因。

不等干燥，尽快用树脂加工

灵长类的艾达、吃花粉的鸟、吞食捕食了昆虫的蜥蜴的古蟒、怀孕的欧洲马、交配中死亡的龟……看到这些标本照片，你会发现它们被一些橙色物质包围。这些物质并非天然岩石，也不是矿石，而是用来对化石进行覆膜的人工树脂。麦塞尔化石坑产出的大多数化石都是采用这样的方式来保存的。

橙色看上去很美——或许有人会这么想。但是，树脂覆膜并非为了追求美观和时尚，其背后有一定的科学原理。

麦塞尔化石坑的化石是在植物堆积形成的油母页岩中发现的。这些油母页岩包含 15% 的石油以及 40% 的水。油母页岩被发掘后，随着水分的蒸发，岩石会渐渐裂开，其内部的化石也会随之出现问题。如果就这样放任不管，珍贵的标本可就变成废渣了。

这时就必须用上树脂了。

首先，将挖出来的有化石的一面及其周围的油母页岩用人工树脂固定下来。接着一边用显微镜观察，一边用针将人工树脂内的油母页岩一点点去除。除去肉眼可见范围内的油母页岩后，再次倒入人工树脂将其固定。所有过程需在化石干燥前完成，因此操作的速度至关重要。经过这一系列精心加工后，麦塞尔化石才能以出土的模样保留在树脂中。虽然过程烦琐，但这些优质化石值得被如此礼待。

如果你想用麦塞尔式的方法变成化石，首先需要一个能产菱铁矿的

想在油母页岩层中变成化石，就必须使用树脂替换的保存方法。虽然烦琐，但精确度高，还能拥有树脂特有的“时尚感”。

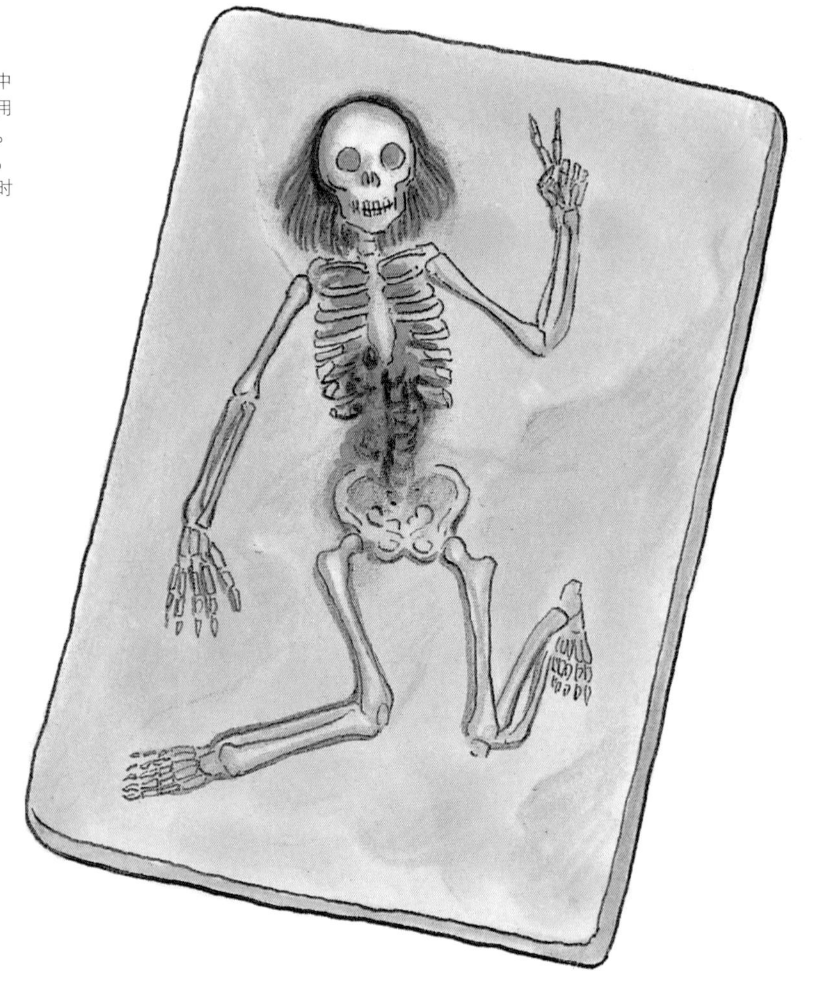

环境，满是植物残骸的深水湖会是一个不错的选择。这时，为了后世的科学研究，能将大量树脂和固定方法一起保存下来那就再好不过了。毕竟好不容易才变成化石，发现后却得个粉身碎骨的下场就太不划算了。如果幸运的话，被橙色的树脂包裹着，成为美丽的化石真的再好不过了。

宝石篇

美丽的遗产

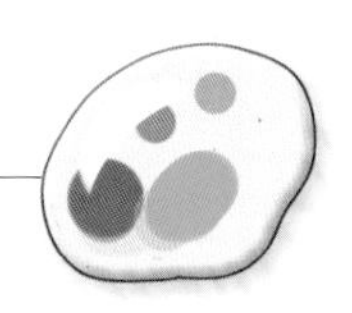

具有五彩斑斓的美丽光辉

在化石中，有一种可以散发出宝石般的耀眼光芒。你是否想成为这种宝石般的化石呢?

比如，斑彩螺化石（菊石化石的一种）就散发着红色、蓝色和绿色的光芒，该化石在加拿大特定地区出土。斑彩螺活着的时候并非如此色彩斑斓，它是成为化石后才变得光彩夺目的。斑彩螺化石并非宝石，但却被当作宝石收藏，名为“斑彩宝石”[01]，这是化石宝石化的典型例子。

在成为化石之际，你是否能像斑彩宝石那样耀眼夺目呢?

为了找寻答案，就必须了解斑彩宝石的形成原理。

活着时的菊石，其外壳由主要成分为碳酸钙的文石（霰石）构成，散发着珍珠般的光泽。

这种名为“文石”的矿物，遇热到一定程度会变成方解石。虽然方解石和文石一样，主要成分都是碳酸钙，但两者的分子结构不相同，性质也不同。普通的菊石化石都是由这种方解石构成的。

当文石变成方解石后，珍珠般的光泽就会消失。回想一下在博物馆常见的菊石化石[02]吧。虽然有的表面也有闪闪发光的质感，有点宝石的光泽，但更像是石头。

地层呈现阻止文石变成方解石，使文石不受温度影响的绝佳状态时，菊石外壳上就会散发出红色、绿色、蓝色的光芒，斑彩宝石就这样诞生了，而这种化石只出产在加拿大阿尔伯塔省约7000万年前的特定地层中。

总的来说，以碳酸钙为主要成分的矿物质在变化过程中偶然形成了斑彩宝石。遗憾的是，以我们人类为首的脊椎动物骨骼的主要成分是磷酸钙，与斑彩螺外壳的成分不同，所以想像斑彩宝石那样散发五彩斑斓的光芒，有点困难。

完全的宝石化本身就是一道难题。虽也有保存完整的斑彩宝石，但令人惋惜的是，大多数斑彩宝石都七零八碎，多被用于珠宝首饰。不过，

01
这才是宝石级别
右图中的化石都是斑彩宝石，是被当作宝石收藏的化石。顺便说一下，绿色比红色珍贵，蓝色比绿色珍贵。它们的直径都约为60厘米。

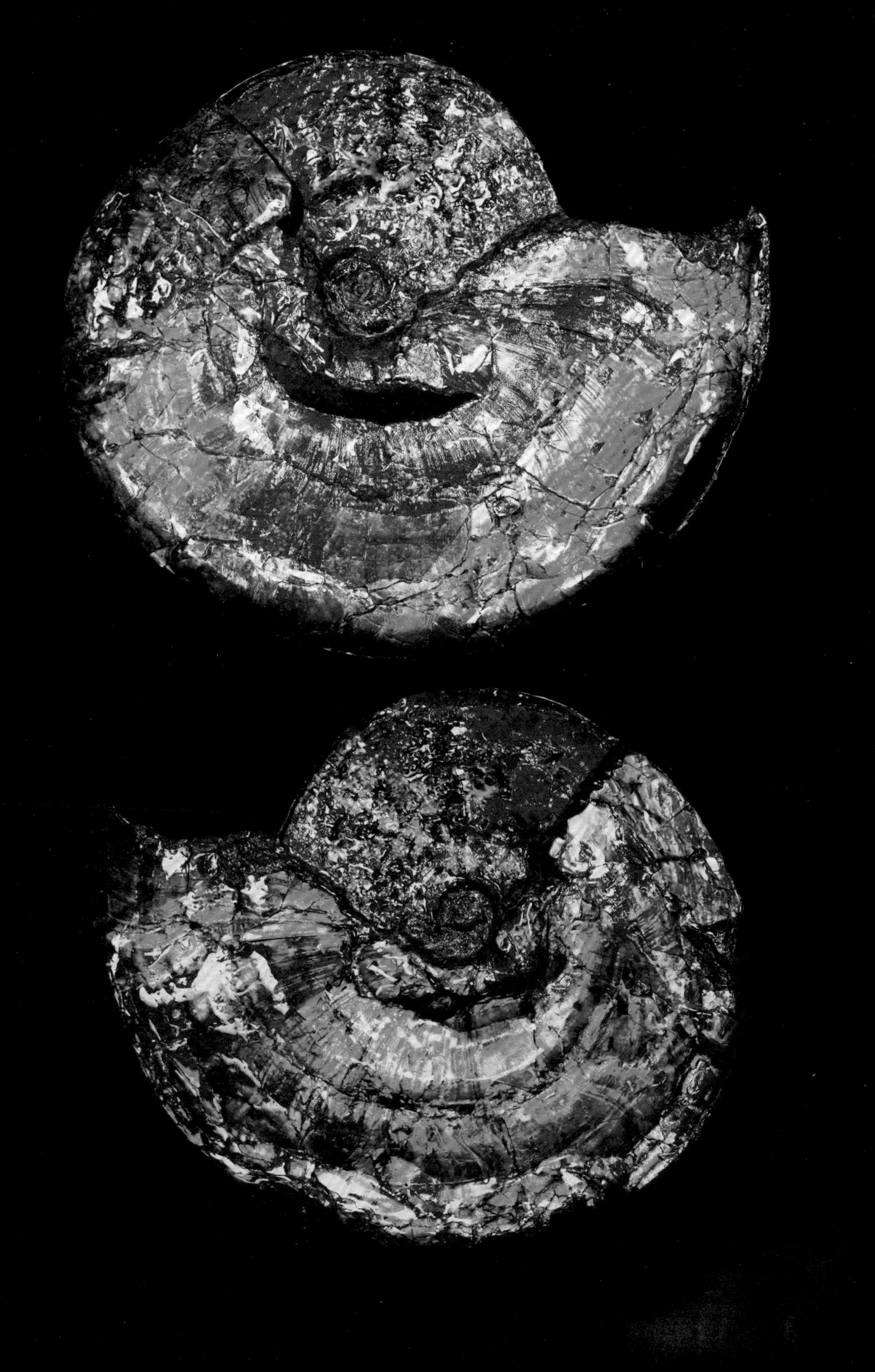

02
非常普通的菊石化石
日本北海道白垩纪地层出土的普通菊石化石。这是连贝壳表面的放射状纹路都清晰保留的优质化石标本。来自日本。

哪怕只是小小的一枚碎片，也价值不菲。如果有一天你变成宝石了，也可能落到这般粉身碎骨的下场，就算运气好被完整发现，也不会被当作学术研究对象原封不动保存下来，而是出于商业目的将你刻意粉碎，然后将碎片出售……咦，就算这样，你还是想成为宝石？如果是这样，我们就继续聊聊吧。

想拥有乳白色光辉

刚才介绍的斑彩宝石，是无脊椎动物的外壳宝石化形成的。那么像我们这样的脊椎动物能变成宝石吗？

从理论上来说可行。在澳大利亚的南澳大利亚州出土了蛋白石化的白垩纪海洋爬行动物化石以及同样蛋白石化的贝壳化石。

常见蛋白石多为乳白色，是具有玻璃光泽的矿物，也是一种宝石。它的特征之一是内部含有 5% ～ 10% 的水分。因此，一旦失去水分就会破裂。大部分蛋白石不会散发出特别的光芒，但也有极少一部分拥有彩虹般的美丽色泽。这样的蛋白石被称为“贵蛋白石”，作为宝石，

价值极高。在全球流通的贵蛋白石大多产自南澳大利亚州。

其中的代表就是双壳贝化石[03]。它保持着生物活着时的形状，表面以乳白色为底色，颜色会随观察角度的改变而产生变化。除此之外，还有蛇颈龙类[04]和鱼龙类等恐龙的骨头和牙齿等变成贵蛋白石保留下来，其中甚至有重达822.5克拉的椎骨[05]化石。

肯定有人想变成如此美丽的化石。确实，对于脊椎动物而言，比起成为以碳酸钙为主要成分的斑彩宝石，成为蛋白石这样的宝石可能性更大。

那么，脊椎动物的骨骼化石是如何蛋白石化的呢？南澳大利亚博物馆的本加马斯·普克里昂就这一点发表了相关研究。普克里昂的研究表明，骨头是内部有无数细小空洞的组织，含有蛋白石成分的液体从周围的地层中渗入骨头，凝固成了蛋白石化的骨骼化石。也就是说并非骨骼自身蛋白石化，而是化石中的骨骼部分溶解消失后，蛋白石化的部分被保留了下来。

蛋白石化后的贝壳化石或海螺化石中，贝壳或海螺早已消失。埋在地层中的贝壳或海螺自身溶解消失后，含有蛋白石成分的液体渗入它留下的空间然后凝固成形。

在日本也发现了蛋白石化的海螺化石[06]，这是一只在日本岐阜县瑞浪市出土，被称为“月之供品”的化石。蛋白石成分在海螺内部凝固成形，外壳消失后，留下已成形的蛋白石。

要想实现蛋白石化，首先需要找到一个蛋白石成分能渗入骨骼的场所。世界上大多数蛋白石产地都离火山很近。但是，南澳大利亚州并无火山活动的痕迹，那这里是如何形成蛋白石的呢？虽不清楚其中缘由，但据说澳大利亚能产贵蛋白石，与当地某种特殊的矿物质有关。

如果你想变成贵蛋白石的话，首先最好去相应的产地，然后埋进含有这些特殊矿物质的地层中。经历数千万年乃至上亿年，你以及你想留下的东西就有可能会蛋白石化。只是，大型脊椎动物只有全身一小部分蛋白石化的案例，迄今为止没有一个全身蛋白石化的，这一点

03

蛋白石化的双壳贝化石

散发着冷、暖双色光芒的美丽双壳贝化石。标本直径 32 毫米。日本茨城县自然博物馆馆藏标本。来自澳大利亚。

04

蛇颈龙蛋白石化牙齿

蛇颈龙的牙齿化石，散发着蓝色和绿色的美丽光芒。标本长 35 毫米。日本茨城县自然博物馆馆藏标本。来自澳大利亚。

05
蛇颈龙蛋白石化椎骨
不只是牙齿，连椎骨也能蛋白石化。我们的身体是不是也能变成这样呢？来自澳大利亚。

请大家知晓。如果你能成功的话，会成为全球首例，这会很风光的。

保留心爱的树木

到目前为止，本书都着重讲授动物化石的相关知识。或许，有人想把植物变成化石保留下来。经过多年精心培育的盆栽、陪我度过人生艰难时期并治愈我心灵的观叶植物、学生时期手工制作的木艺作品、一同工作了半辈子的桌子、记录着孩提时期身高的柱子，等等，都是人们的情感寄托。

一般来说，与动物相比，由于没有骨骼、牙齿、外壳等硬组织，树木更难成为化石保留下来。世界上之所以能从地层中发现树木化石，是因为各种各样的特殊情况和植物的基数比较大。

06
海螺壳中的蛋白石
上图中左边是日本瑞浪市出土的贝壳化石，右边是其内部形成蛋白石，美其名曰“月之供品”。

如果想把心爱的植物或木制品变成化石保留下来的话，只是单纯地把它埋进地里可不行，它们大部分会迅速腐朽。

那么，该怎么办呢？关于植物的树干有一种理想方法，那就是蛋白石化。在前文中介绍的骨骼和贝壳的案例中，虽然提到即使实物本身消失了，其形态也已蛋白石化，但如果对象是树干的话，植物本体就会变成蛋白石。矿物化的树干化石，是硅化木[07]的一种，它保留到细胞级别的程度，调查其截面就可了解其组织结构，这在学术上是非常珍贵的化石。

日本富山市艺术文化厅的赤羽久忠和日本岛根大学的古野毅在1993年发表的论文中指出，植物树干的蛋白石化，始于植物周边地层中的硅溶解。这些硅渗入树干的细胞内部，一点点地将细胞的成分替换成以硅为主体的成分，最后树木整体蛋白石化。这篇论文还指出，某棵浸在日本富山县某温泉的倒木，只花了四十多年的时间，其

10% ～ 40% 就蛋白石化了。要知道，一根倒木要完全形成硅化木，可能需要数百年的时间，从这点来看这简直是神速。

由于所有的硅化木产地并非都与该温泉有着相同的环境，因此关于硅化木的形成，日本富山县的例子并不算是常规情况。虽然如此，对于想把心爱的植物变成化石的你来说，这无疑是个很好的参考。

就已有的脊椎动物化石案例来看，或许蛋白石化是相对现实的方法。但是，迄今为止没有一个全身蛋白石化的成功例子。

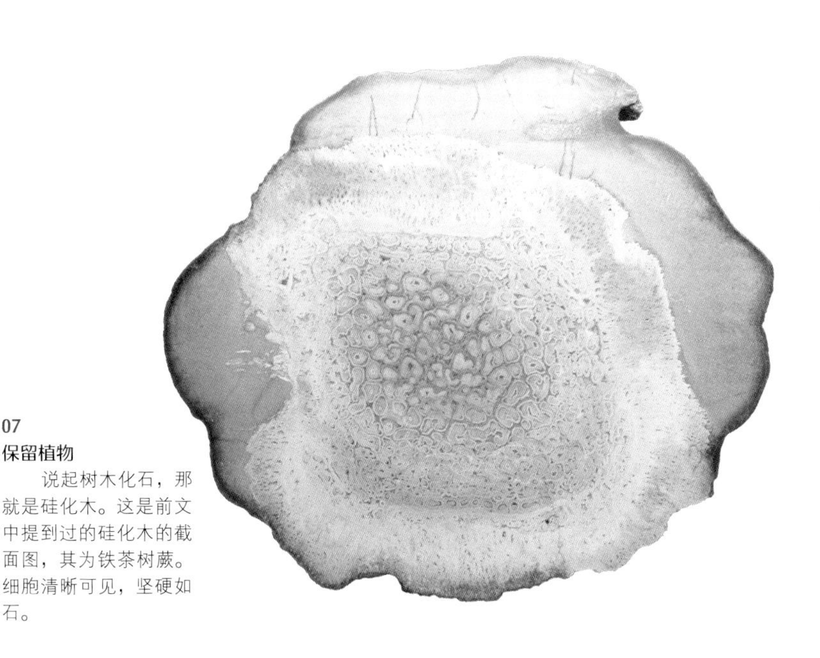

07
保留植物

说起树木化石，那就是硅化木。这是前文中提到过的硅化木的截面图，其为铁茶树蕨。细胞清晰可见，坚硬如石。

将小树木放进特定的温泉里，说不定只经过短短数十年就能成为硅化木。插图参考赤羽久忠、古野毅的论文（1993年）绘制。

金色的耀眼光芒

虽然斑彩螺绚丽多彩、蛋白石美丽耀眼，但说到底黄金的光芒才会让人眼前一亮啊！

对于喜爱黄金的你来说，有个天大的喜讯，那就是世上的确有全身都金光闪闪的化石，无论是硬组织还是软组织，都是金色的！

在金色标本中最出名的是美国纽约州化石产地比彻三叶虫化石层中出土的三节分虫（*Triarthrus*）化石[08]。通常来说，三叶虫只有外壳部分形成化石并保留下来。但是，在比彻三叶虫化石层中发现的三节分虫，不只外壳，连属于软组织的触角和附肢以及鳃都保存了下来。2016年，还证实化石体内保留着三叶虫卵[09]。而这所有的一切都是金光闪闪的。

其实，这些金色并非来自黄金，而是来自被称为“黄铁矿”的硫化铁结晶。

关于三叶虫的黄铁矿化，详细内容请参考英国伦敦自然历史博物馆理查德·福提所著的《三叶虫》（*Trilobite*）。在本书中，我将结合该著作以及对本书监修日本九州大学的前田晴良的相关采访结果，向大家简单说明其中的原理。

在纽约州的比彻三叶虫化石层中，当地层开始沉积的时候，海底没有氧气，只有大量的铁和硫酸盐。

通常情况下，没有氧气，分解尸体的细菌就会罢工。这样的环境才能保存优质的化石，关于这一点本书还举了索伦霍芬的案例（请参考石板篇）。但是，在比彻三叶虫化石层却还有细菌活动。这些细菌是厌氧菌，它们从硫酸根离子中吸收电子。这时，多余的硫黄通过化学反应生成硫化氢。硫化氢和溶于水中的铁发生反应，就生成了黄铁矿。

结果就是厌氧菌在分解遗骸的同时，置换出黄铁矿，这些黄铁矿将遗骸覆盖。一旦覆盖，厌氧菌就不再分解，化石就这样保存了下来。

在比彻三叶虫化石层，并非所有的三节分虫都保留了鳃，大多数化石都只有外壳或者一部分腿黄铁矿化。全身都变成化石，黄铁矿化很难达到这个目标。

顺便泼下冷水，虽然黄铁矿散发着黄金般的光芒，但并不像金子那样稀有。甚至有人将其称为“愚者的黄金”[10]。

08

触角、附肢、鳃都是金色

黄铁矿化的三节分虫。通常软组织不会变成化石保留下来，但这次相反。来自美国。

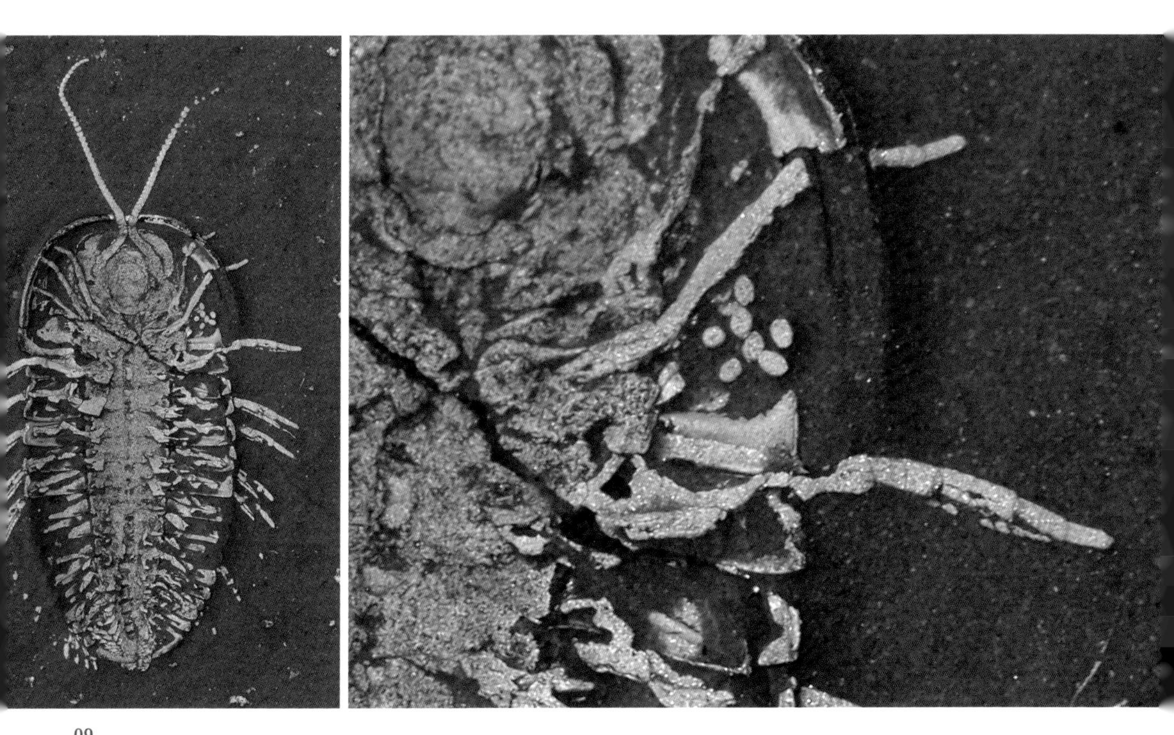

09

虫卵也保存了下来

另外一个黄铁矿化的三节分虫化石（左图）。放大头部周围，发现了小的虫卵（右图）。

10
你知道其中的区别吗
左边是黄铁矿结晶，右边是黄金结晶。这样对比，差异是不是一目了然?

即便如此，如果你还认为“我就是喜欢金色”，那么建议你选择一个厌氧菌喜欢的无氧或低氧环境，然后埋在含有充足硫酸根离子的泥土里。或者你也可以先试试随意埋个东西，也有可能会变成金色。

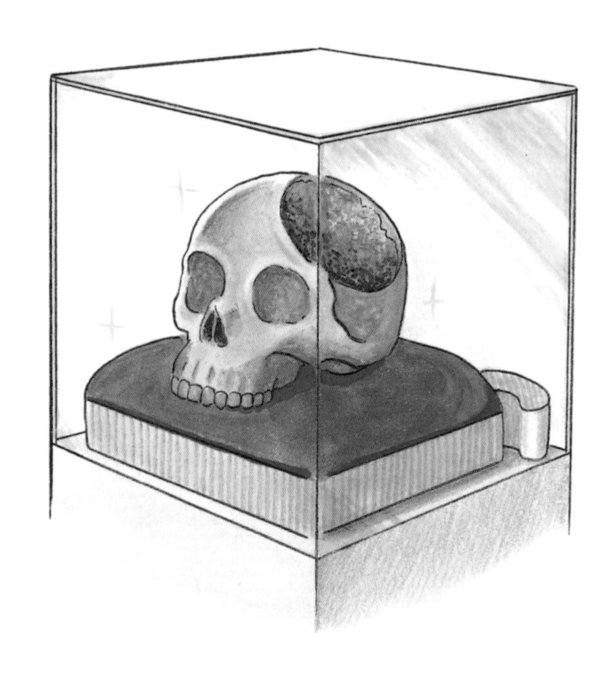

黄铁矿抗水性和抗酸性都较弱，保管时要注意。一定要说一句“易与水发生反应”来提醒大家妥善保管。

只是，软组织可能无法完整保留，请做好心理准备后再去挑战。

还有非常重要的一点，那就是黄铁矿化的化石在出土后，需要妥善保管。生成黄铁矿的硫化铁易与空气中的水、氧气发生化学反应，因此极易褪色、损坏，不太适合长期保存。如果你的目标是黄铁矿化，最好告知后人，在保管时放入干燥剂。

焦油篇

黑檀色之美

黑色刃齿虎

以磷酸钙为主要成分的脊椎动物的骨骼一般都呈白色。在化石形成的过程中，颜色会因环境产生变化。如果你很在意形成化石后的颜色，那就需要预先知晓如何形成自己喜欢的颜色。

本章推荐的颜色是美丽的黑色。在美国洛杉矶出土的刃齿虎化石[01]就是黑色化石的代表。

刃齿虎是对有着长长犬齿的猫科动物的统称，并不是指特定的种类或种群。英语多用“Saber cat”或“Saber-toothed cat”表述，日本国立科学博物馆的富田幸光所著的《新版灭绝哺乳类动物图鉴》中则采用“剑齿猫科”表述。为尊重其老虎的含义，避免与学名混淆，本书决定采用“刃齿虎”这一名称。

在多种刃齿虎中，最著名的要数加州刃齿虎（*Smilodon fatalis*），一种身长 1.7 米，肩高 1 米的大型猫科动物，其化石作为加利福尼亚州的镇州之宝声名远播。身为刃齿虎的代表，其特征是长而尖锐的犬齿。2015 年美国克莱姆森大学的亚历山大·华苏克发表的研究表明，该犬齿每月以 6 毫米的速度增长，也就是说每年约增长 7.2 厘米，三年间犬齿可长至约 20 厘米。

关于犬齿的作用众说纷纭。如上所述，犬齿虽然锋利却不粗壮，横向强度低。因此，普遍认为犬齿主要用于给猎物致命一击，并不是刃齿虎攻击猎物的主要武器。

回归正题，在美国洛杉矶拉布雷亚农场中发现的加州刃齿虎化石通身呈美丽的黑色。这种黑并不是漆黑，而是类似黑檀般的黑色，令人赏心悦目。

在拉布雷亚农场中，相继发现了美洲拟狮（*Panthera atrox*）、恐狼（*Canis dirus*）、哥伦比亚猛犸象（*Mammuthus columbi*）、美洲乳齿象（*Mammut americanum*）等各种哺乳动物化石。这些化石都色如黑檀。想必有“我喜

01
美丽的黑色
　　完美变成黑色的加州刃齿虎（实物）。日本茨城县自然博物馆馆藏标本。来自美国。

欢这种黑色”“我想变成这样的化石，或者拥有这样的化石”等想法的读者很多吧。那本章你可得好好看看。

捕食者反而成为被捕食者

与前文介绍的方法相比，如加州刃齿虎这般黑色化的门槛是比较低的。不仅脊椎动物有实际案例，而且出土的标本早已过百万，数量庞大得惊人。

美国拉布雷亚出土的化石距今约 3.9 万年～ 3.8 万年。据拉布雷亚沥

普遍认为加州刃齿虎的犬齿并非捕杀猎物的“常用兵器”，而是只在抓住猎物后使用的致命武器。

青坑的博物馆官网显示，迄今为止当地已出土 159 种植物化石、234 种无脊椎动物化石以及 231 种以上的脊椎动物化石。如此丰硕的成果使拉布雷亚成为黑色化石最大的产地。

不过，拉布雷亚的化石群有一个奇怪的现象。一般来说，如此大规模的化石群几乎可以再现当时该地区的生态链，也就是在脊椎动物中数量最多的应该是草食动物，其次是小型肉食动物，像加州刃齿虎这样位于生态链顶端的大型肉食动物的数量应该最少，这就是所谓的生态金字塔。

但是，根据博物馆官网以及《世界化石遗产》的记载，拉布雷亚出土的哺乳类化石中，90% 都是捕食者。食草的古风野牛（*Bison antiquus*）化石数量有 300 多个，与之相比，加州刃齿虎的化石超过了 2000 个。生态链顶端的动物数量是生态链底端动物数量的近七倍，这十分不合常理。

寻常的生态金字塔，越往下数量越多。但是，在拉布雷亚的生态金字塔中，相比底层的被捕食动物，位于上层的捕食动物数量异常的多。

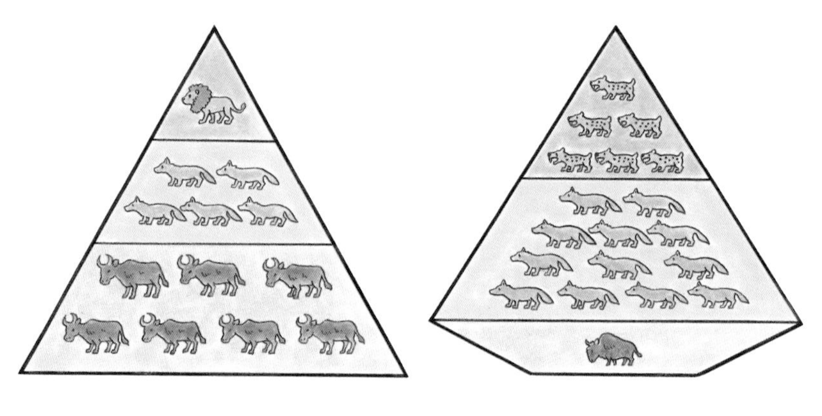

02
黑色之源
拉布雷亚的焦油。日本茨城县自然博物馆馆藏标本。来自美国。

当地的鸟类化石中，约 70% 都是以猛禽类为代表的捕食者。我们无法通过拉布雷亚的化石群来构建正常的生态链。

当然，这些并不能完全复原出当时的生态链。那么，为什么这里大多是捕食者的化石呢？

难道说肉食动物的化石比草食动物的化石更易保存？这不科学。关于这一点，普遍认为这和拉布雷亚的特殊地理环境以及之前提到的黑色有极大的关系。

事实上，与其他化石产地相比，拉布雷亚的化石地层并非由石灰岩等岩石地层构成。原本，“拉布雷亚”在西班牙语中是“焦油牧场”之意。构成拉布雷亚化石地层的焦油[02]是一种黏着性极强的油状液体——沥青。前文提到的化石的黑色，就是骨骼染上沥青后形成的颜色。

一旦踏进充满沥青之处，身体便无法移动。如果踏进充满沥青的深潭，越挣扎身体便越往下沉，就像落入沼泽。

对于捕食者而言，无法移动的动物是最好的猎物，就算同类也是如此。先来的捕食者本以为自己很幸运遇到此等好事，结果一靠近就也掉进沥青深潭里，反而成为其他捕食者的猎物，就这样，捕食者反而成为被捕食者，

深陷沥青的动物吸引肉食动物前来捕食。结果，肉食动物也掉进沥青里，又吸引了其他肉食动物前来捕食。接着，又有其他肉食动物……这真的是“偷鸡不成蚀把米”，捕食者反而成为被捕食者。

拉布雷亚的化石几乎都是捕食者的遗骸了，因而形成了怪异的生态链。

如果你想变成这样有个性的黑色化石，或者想拥有此类化石的话，只要将自己或物品沉入像拉布雷亚沥青坑那样的地方就可以了。只是，在沉下去时要注意别把其他动物卷进来，因为不排除有肉食动物会将你或者你要做成化石的物品当作猎物。为了避免这种被捕食的命运，请选择一个完全封闭的空间。

还保留了胶原蛋白

关于拉布雷亚沥青坑的更多信息，《世界化石遗产》中有详细记录。你也可以继续关注本书，搜集相关信息。

这片沥青地在保存动物的遗骨方面起着非常重要的作用。引用《世

界化石遗产》的原文："除去骨骼和牙齿等被石油染成了黑色这一点，全身化石几乎都原封不动地保存了下来。"这里所说的"石油"，就是指沥青。

脊椎动物的骨骼主要由胶原蛋白和磷灰石构成，胶原蛋白保证骨骼的韧性，磷灰石保证骨骼的硬度。虽然死后胶原蛋白易流失，但令人震惊的是，拉布雷亚的化石中有80%的胶原蛋白都被保存了下来。总的来说，虽然变黑了，但看骨骼的状态仿佛刚刚死去。

以极好的保存状态为亮点，且大型脊椎动物的成功案例很多。如果你想成为加州刃齿虎（p123）那样美丽的黑色化石的话，推荐你使用拉布雷亚沥青沉浸法。

此外，骨骼表面还残留着神经和血管的痕迹，肌腱和韧带的位置也十分清晰。头盖骨里满是沥青，沥青成了保护剂，使中耳的骨骼等部位都完好无损地保留了下来。

如果你能接受无法保留内脏和皮肤等软组织，那么推荐你使用拉布雷亚沥青沉浸法。正如之前所说，成功案例很多，以加州刃齿虎为首，多数大型动物化石都保存得非常完好，甚至还发现了一具人体骨骼。

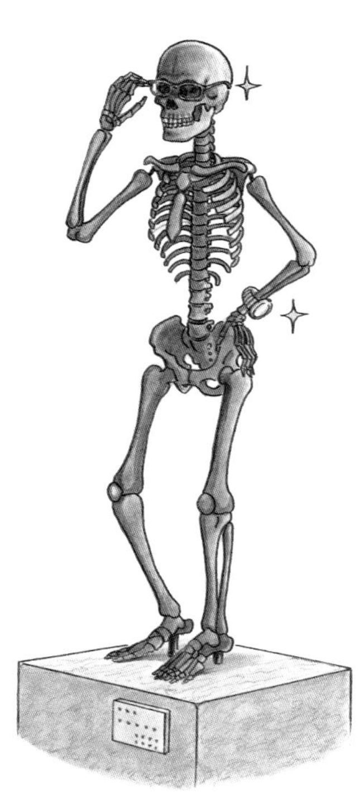

据说还发现了人造品，如贝壳装饰品、骨制品、木制发夹等。从这点来看，或许，成为一具戴眼镜的化石也不是不可能。

如果要说让人担忧的一点，那就是如今拉布雷亚的石油物质在持续蒸发，沥青逐年减少。别说是数万年、数十万年，更别说是数百万年或者更远的未来，化石能保存多久真的不得而知。在成为化石之后，如果发现得较早就不说了，但如果想被未来某种高等智慧生物发现的话，那就需要赌一把了。

立体篇

栩栩如生的样子

像刚钓上来一样

要说到对化石感兴趣，那么爱好鱼化石的人应该会很多。如果喜欢钓鱼，作为纪念，打算制作鱼拓或标本的话，希望大家考虑下把刚刚钓上来的鱼做成化石这个选项。

鱼化石中最出名的是美国格林里弗出土[01]的鱼化石。如果有人见过德国麦塞尔化石坑出土的鱼化石（见油母页岩篇），或许就能明白。

常见的鱼化石有一个共同特征，那就是形态扁平。麦塞尔化石坑出土的鱼化石虽然每片鱼鳞都清晰可见，保存得非常完好，但却是扁平的。

鱼化石呈扁平状的原因很简单，与陆地动物不同，鱼类没有坚硬的肋骨。因此抗压性弱，无论保存得多么好，看上去都像是印在岩石上的一样。

“不行，无论如何都想让鱼化石呈现出鱼刚钓上来的样子。”如果你这么想，那么告诉你一个天大的喜讯。

巴西的一个化石产地出土了许多颠覆“鱼化石是扁平的”这个认知的化石。在距离首都巴西利亚约1260千米的东北方有一个名为“阿拉里皮”的高地。在这个面积广阔的地区，分布着被称为“桑塔纳岩层”的白垩纪前期地层，这里出土了举世罕见的立体鱼化石。

说到桑塔纳岩层出土的化石，就不得不提日本东京城西大学水田纪念博物馆大石化石展览厅。有兴趣的朋友，推荐你们去看一看。最近的车站有东京地铁有乐町线麹町站，南北线与半藏门线交会的永田町站以及半藏门线的半藏门站，从车站步行约五分钟即可到达。展览厅周围高楼林立，是个出乎你意料的地方。

本书得到特别许可，收录了大石化石展览厅的标本照片。接下来，为大家介绍几个鱼化石。

首先是与现代鲱鱼相似的棒鞘鱼（*Rhacolepis*）[02]。标本长达42.7厘米，从头到尾呈立体状态保留了下来。鱼鳞和鱼鳍均保存完好，仿佛刚

01
“普通”鱼化石
美国格林里弗出土的艾式鱼（*Knightia*）化石。标本长达11厘米。细节保存完好，呈扁平状。

刚才钓上来一般，是非常优质的标本。该标本甚至可观察到颌骨结构。

25厘米长的棒鞘鱼小标本[03]也不能错过。该标本没有鱼鳍，腹部有一部分裂开，可以看到里面的方解石结晶。虽然外观看上去是“刚刚钓上来的样子”，但毫无疑问，这个标本就是化石。

弓鳍鱼科的卡拉门普鱼（*Calamopleurus*）标本[04]保存得也十分完好。该标本虽然全身纤细，但头部形状十分清晰。纤细的身体与庞大的头部形成强烈对比，巨大的反差让人觉得十分有趣。说到卡拉门普鱼标本，那就一定要看看这个长达105厘米的巨大标本[05]了。虽然身体已腐烂，但鳞片残留状况极好，还能看到微微隆起的脊柱。

美杜莎效应

为何桑塔纳岩层的鱼化石都是立体的呢?

关于其原理，英国开放大学的大卫·M. 马蒂尔在20世纪80年代后期发表过相关观点，P.A. 赛尔顿和J.R. 内兹在《世界化石遗产》中进行了归纳总结。

立体保存需要经过两个阶段。

第一阶段，鱼自身的成分发生变化，变成了化石。这一步似乎是在很短的时间内完成的。桑塔纳岩层出土的鱼化石，软组织的细微部分都已磷酸钙化。磷酸钙是脊椎动物骨骼等硬组织的主要成分，这次连软组

02
惊人的立体感
桑塔纳岩层内发现的棒鞘鱼，请对比 p129 的艾式鱼。来自巴西。

织都形成了磷酸钙，着实让人惊讶。

通常来说，软组织在死后的五小时之内会被细菌分解。从这一点来看，部位不同，钙化程度也有差异，总的来说，鱼化石的磷酸钙化最快在死后一小时之内就开始了。

一个小时之内，连悲伤的时间都没有！

像这样短时间内就变成化石的现象被称为“美杜莎效应”。美杜莎是古希腊神话里的怪物，她满头蛇发，双眼能石化任何东西。

那么，到底是什么样的环境激发了美杜莎效应？

关于形成桑塔纳岩层的水域一直以来都是迷雾重重，到底是外海，还是与外海隔绝的内海，目前没有准确的结论。如果说是外海，桑塔纳岩层却没有发现外海应该出现的化石，比如菊石。桑塔纳岩层是白垩纪前期的地层，这种地层非常容易留下菊石的外壳化石，如果桑塔纳岩层曾是外海的话，那么就应该能发现这些化石。但是，桑塔纳岩层虽然发现了鳄鱼、龟这些生活在陆地上的爬行动物的化石，但鱼龙目这样的外

03

肚子里……

产自桑塔纳岩层的棒鞘鱼。从裂开的腹部可以看见里面的方解石。虽然栩栩如生，但这确实是化石。来自巴西。

04

仿佛刚从水面跃出

产自桑塔纳岩层的卡拉门普鱼。虽然只有身体的一部分呈现立体状态，但仿佛刚跃出水面般生动。来自巴西。

05
鱼鳞排列整齐
产自桑塔纳层的卡拉门普鱼。虽然不太立体，但鱼鳞保存状况极好，让人惊叹。来自巴西。

海爬行动物化石却一个都没有。

从这一点来看，桑塔纳岩层所处水域似乎并非外海。但事实没这么简单，因为在桑塔纳岩层发现的变成化石的鱼类大多生前都生活在外海。由此有人推断，这里原本是个浅湾，虽然与外海隔绝，但有时，比如海

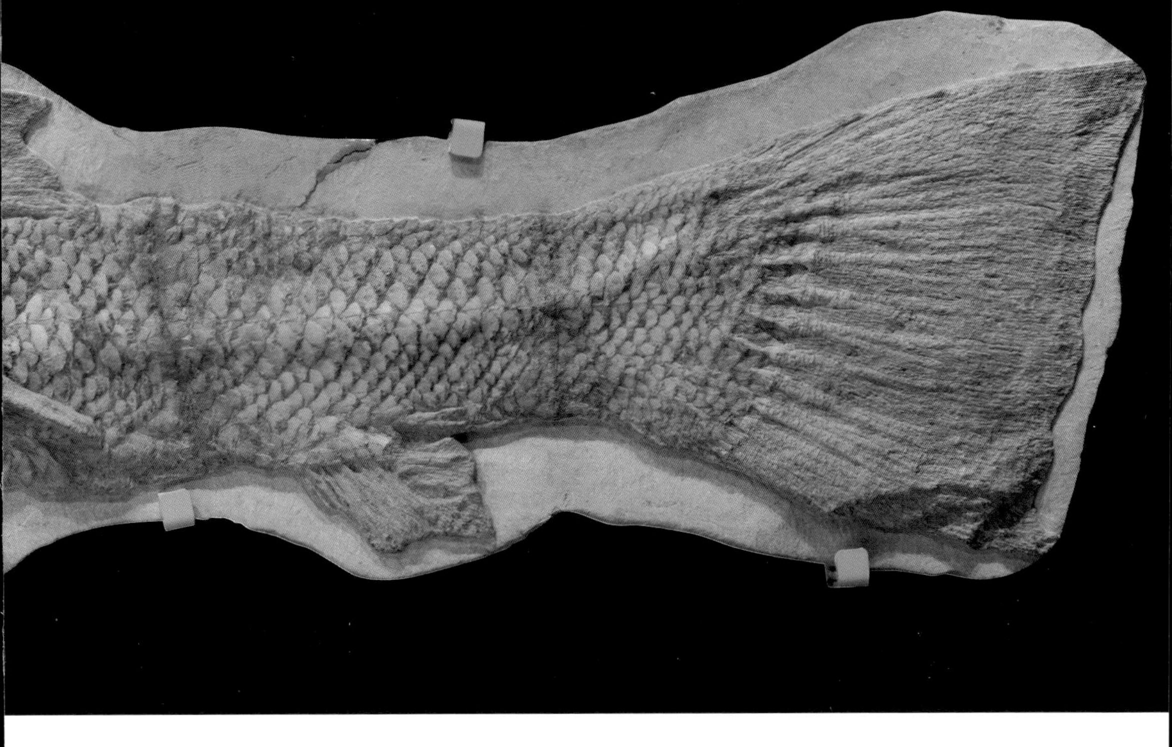

水上涨时，这里就和外海连成一片。但仅凭这点也不能充分解释为什么没有发现菊石化石，总之，这仍是个未解之谜。

目前普遍认为，这片海域的水底有一片含盐度极高、毒性极强的水域，随着这片水域扩大，鱼类在同一时间大批死亡。突然的大量死亡，让水中分解尸体的细菌活跃起来，导致水中严重缺氧。在这样的环境下，水质偏酸性，加速了尸体磷酸盐化，从而激发了美杜莎效应。

无论磷酸盐化如何进行，化石大多都会被沉积的地层压坏。而桑塔纳岩层出土的鱼化石，被一种名为“结核”的岩块覆盖（关于结核，请参考火山灰篇）。正因如此，身体才能呈立体状被保存下来。

形成桑塔纳岩层的浅湾与外海隔绝，但暴风雨来临时，或许会与外海相连。小鱼们就是在这时游过来的吧。

好想有家这样的店，能把刚钓上来的鱼做成化石，还能配送到家。

这个结核的形成就是保存过程的第二阶段，也是个未解之谜。

磷酸盐化后的鱼化石要想被立体保存，就需要被结核迅速包裹。但是，结核的主要成分是碳酸钙，与鱼化石的成分截然不同。而且，酸性环境会促进磷酸盐化，可碳酸钙在酸性环境中会被溶解，无法聚集。

也就是说，想要形成包裹鱼化石的碳酸钙结核，就需要弱化鱼化石周围的酸性环境。马蒂尔认为当时海底附近可能存在特殊环境。《世界化石遗产》中认为磷酸盐化后的遗骸可能散发出氨气，溶于水的氨气是碱性，有加速碳酸钙化的效果。

看到这儿，大家或许跃跃欲试了吧，遗憾的是该方法疑点重重，实践起来非常困难。虽然我在前面还说“希望大家考虑下把刚刚钓上来的鱼做成化石这个选项”……让大家空欢喜一场，十分抱歉。

即使如此，还有读者想挑战一下的话，首先请将鱼沉在能促进磷酸盐化的酸性环境中。无须长时间等待，几个小时后就能确认其中的变化，这也是这个方法的优点。如果桑塔纳岩层形成化石的原理之谜能被解开，在港口、河岸以及鱼塘这些地方开个将鱼做成化石的店的话，那肯定生意兴隆啊！

显微镜下的完美化石

通常用显微镜方可看到的化石，都以立体的状态保存了下来。有孔虫和放射虫这样的微生物化石，外壳因含有碳酸钙和二氧化硅而质地坚硬，使细微结构得以完整保存。这些化石大多数与形成岩石的颗粒同等大小（甚至更小）。因此，它们可以渗入颗粒，从而保存完好。关于有孔虫和放射虫化石，我会找其他机会跟大家进一步讲解，在这里，请关注保留了软组织的微生物化石吧！

虽说立体构造的微生物化石基本上都能被很好地保存下来，但连软组织都被保留下来的却极为罕见。本书已经介绍过几个英国赫里福德的微生物化石（请参考火山灰篇）。但是，赫里福德的微生物化石严格来说是电脑绘图，并非化石本身。本章所介绍的，是软组织本身都被完美保存下来的化石。

这些化石在瑞典内陆维纳恩湖的附近采集到，被称为“奥斯坦生物群”，它们保留了通常不易保留的眼睛、鱼鳍和附肢等部位，吸引了研究者们的目光。

在这里，给大家介绍几个代表性物种的标本吧。

首先想向大家介绍的是寒武厚桨虾（*Cambropachycope*）[06]，一种身长约 1.5 毫米的节肢动物，头部顶端有一个巨大的复眼。我确信，这极具冲击力的化石为古生物的新“粉丝”群体诞生起到了很大的推动作用。它的身体形状像虾，附肢较大且呈桨状，可能有一定的游泳能力。

全长 2.7 厘米的哥特虾（*Goticaris*）[07] 也十分有趣，它头部的顶端也有一个巨大的复眼，复眼的根部左右两侧各有一个沙锤般的结构。这两个沙锤被认为是负责感受光线明暗的中央眼。

再给大家介绍一下名为“殖虾（*Bredocaris*）”[08] 的古生物吧。该化石处于生长阶段后期，全长约 1.4 厘米，头部有外壳保护，里面包含着眼睛和许多条附肢，整体像一辆战车。

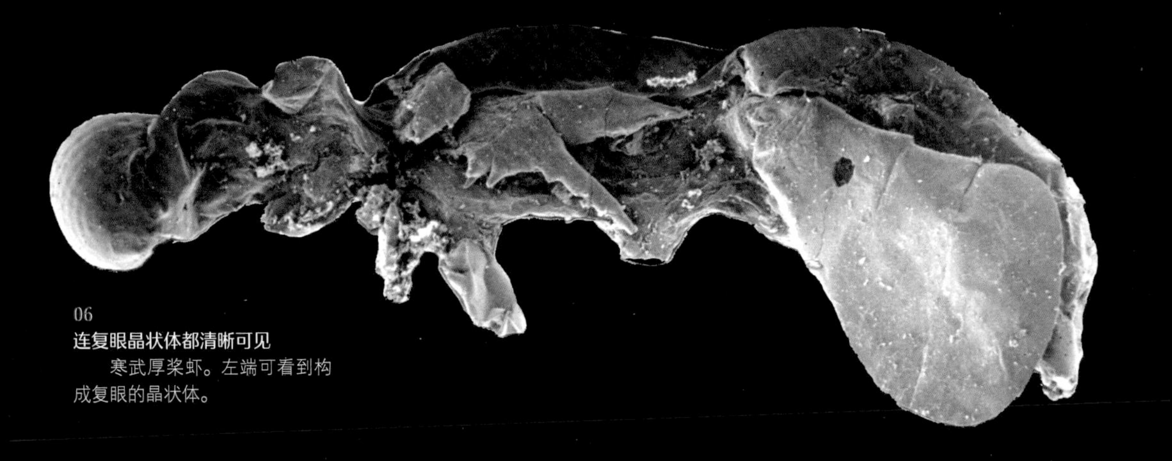

06

连复眼晶状体都清晰可见

寒武厚桨虾。左端可看到构成复眼的晶状体。

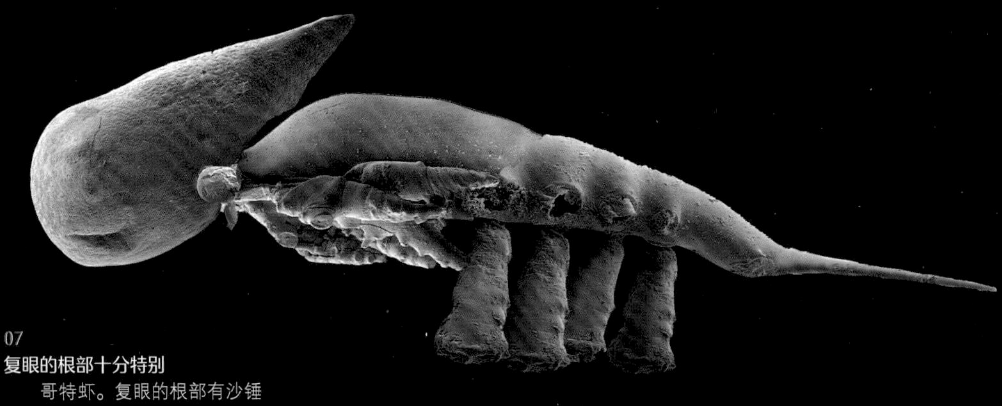

07

复眼的根部十分特别

哥特虾。复眼的根部有沙锤般的结构残留。

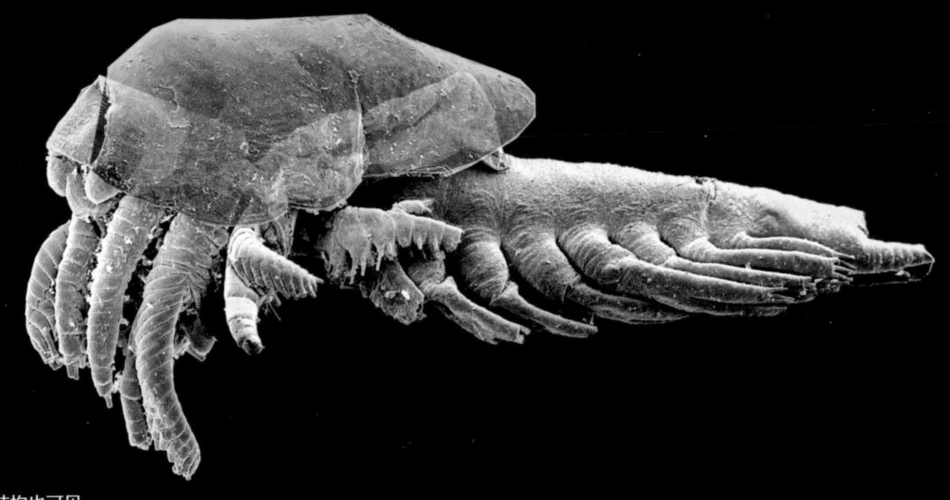

08

细微结构也可见

殖虾。连附肢的细节都保留了下来。只是，该图像是三个化石的合成图。

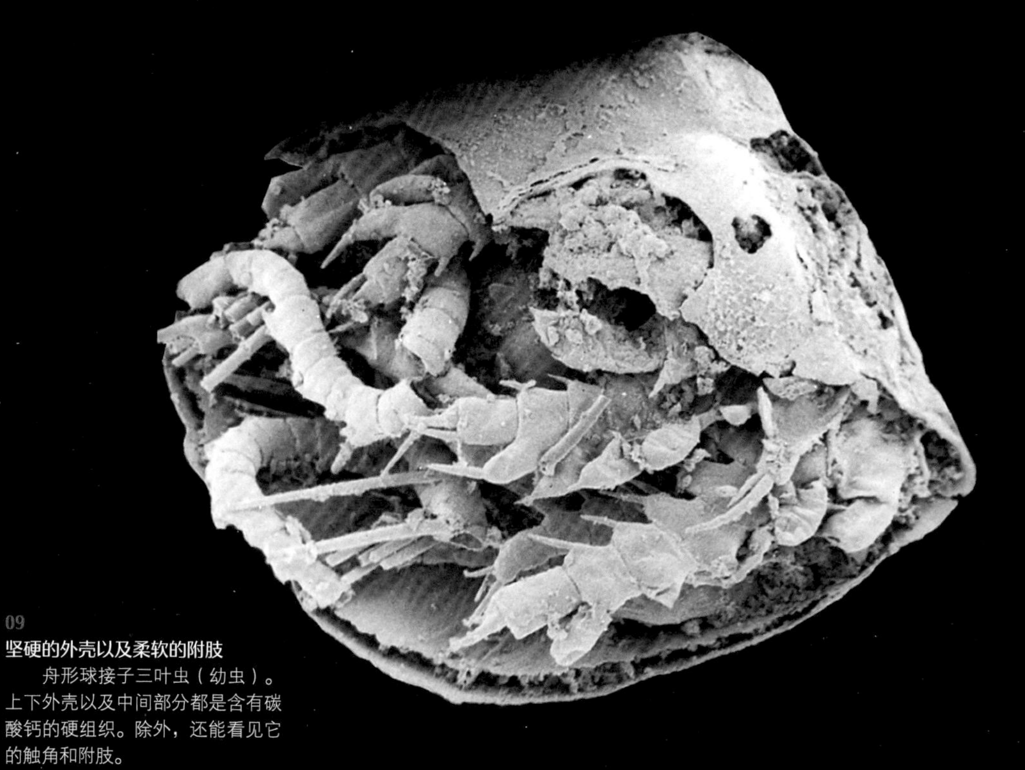

09

坚硬的外壳以及柔软的附肢

舟形球接子三叶虫（幼虫）。上下外壳以及中间部分都是含有碳酸钙的硬组织。除外，还能看见它的触角和附肢。

10

有点萎缩

赫多纳虫。眼睛虽有点萎缩，但软组织保存完好。

11
名副其实的线虫
谢氏虫。这种线形动物，也就是线虫，全身变成化石保留了下来。

还有舟形球接子三叶虫（*Agnostus*）[09]。它有两块外壳，是三叶虫的近亲。但是，研究奥斯坦出土的化石后发现，它附肢的形状与比彻等地发现的三叶虫完全不同。因此，有人认为舟形球接子三叶虫并不属于三叶虫类。也有人认为，这只舟形球接子三叶虫还处于幼虫时期，暂时还没有出现三叶虫类的特征，因此无法定论。无论如何，一般来说蜕掉的壳和孵化前的幼虫很难变成化石，而这次能完整保留下来，实属难得。

最后介绍一下赫多纳虫（*Hesslandona*）[10]吧。其外壳和内部各种结构都保存完好，眼睛虽有点萎缩但形态良好。它那仿佛夹着脑袋的大下巴看上去很可爱。

并不只是节肢动物，也发现了其他化石，比如谢氏虫（*Shergoldana*）[11]，一种全长不足 0.2 毫米的小型动物，其如手风琴般的细微结构完整保留了下来。奥斯坦生物群中，还有各种各样全身保存非常完整的其他微型动物，其标本不胜枚举。

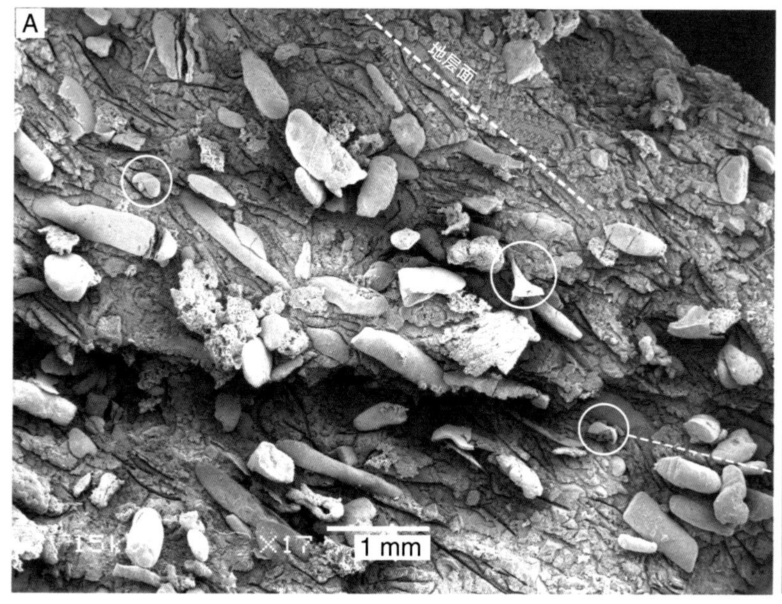

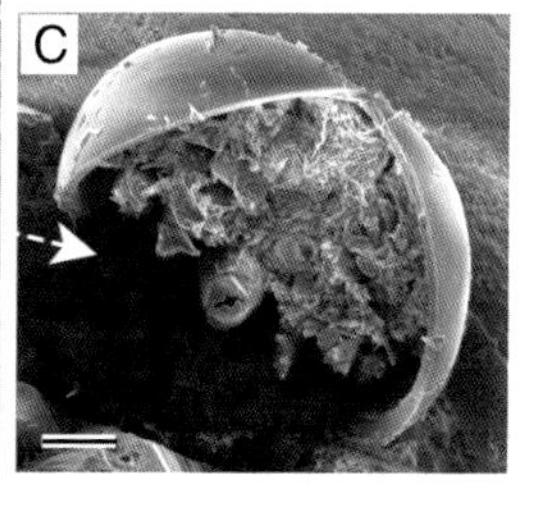

12
堆积如山的粪便是关键
左边的电子显微镜图像中那些呈椭圆状和棒状的物体都是粪便。其中，可以发现微型动物的化石（用圆圈圈起来的部分）。放大其中一个化石，便是右边的图像。这是一只半开壳的赫多纳虫。

“粪便贮存”是关键

为什么在奥斯坦生物群里，生物的软组织和硬组织都能变成化石保留下来呢？

自1970年奥斯坦生物群被发现以来，其形成原因一直是个谜。2011年，本书监修前田晴良以及日本金泽大学的田中源吾研究团队发表了相关的研究报告。研究团队明确指出，奥斯坦生物化石群是在厚度约3厘米的特殊地层中发现的。而且，已查明这一薄薄的地层上堆积了大量的粪便颗粒[12]。奥斯坦的优质化石，被大量粪便所掩盖而得以保存。而粪便被认为来自三叶虫。

研究团队认为，大量的粪便正是奥斯坦优质生物化石保存完好的关键。粪便中的磷酸钙覆盖了生物体，才能使其软组织和硬组织均不受外界影响。磷酸钙是我们脊椎动物骨骼的主要成分，坚硬且很难被细菌分解。磷酸钙迅速覆盖在动物尸体上能防止软组织被分解，使其整体保存下来。在发表该研究成果的新闻发布会上，前田研究团队将这样的保存方式称为“粪便贮存法”。像奥斯坦这样满是粪便的地层遍布世界各地，前田指出，调查这样的地层，可能会发现新的优质化石群。

在创作本书之前，我曾请教过前田教授，把人变成化石最好的保存方法是什么？前田教授回答："就是粪便贮存法。"言外之意，"如果认为失掉作为人最重要的自尊也无妨，那么沉入贮粪池也是一种方法"。虽然，在如今的日本很难见到贮粪池，但如果浸泡在排泄物里浑身磷酸钙的话，也能出现奥斯坦生物化石群中的现象。从软组织和硬组织都被完整保留下来这一点来看，衣服完整保留也不是梦。

不过，要形成能包住一个人的"结核"需要多少排泄物目前还不得而知，正如前田教授之前所说，需要做好失去作为人的"重要自尊"的觉悟后，才能实践这个方法。真是让人烦恼啊。

用清爽的插图来表示“成年人的选择”吧。选择这种方法，最重要的是你是否要抛弃“尊严”。

岩块篇

岩块的时间胶囊

保存化石的岩块

作为保存优质化石的典型例子，在世界各地的地层都能发现的岩块，就是结核。

本书已经介绍了英国赫里福德志留纪小型生物化石的实例（请参考火山灰篇），以及鱼化石立体保存的桑塔纳岩层实例（请参考立体篇）。本篇将进一步就结核作详细说明。

结核，是一种岩石块，又被称为“团块”，形状多为球形或椭圆形。大小不一，形式多样，有比乒乓球还小的岩块，也有比瑜伽球还大的岩块。

像桑塔纳岩层的鱼化石那样，结核中保留着很多优质化石。拿菊石的外壳来说，不仅细微结构能完美保存，甚至连往日的美丽光泽都有可能保留下来。

“发现结核后，第一步就是切开”，这是化石采集中的基本操作。内行人会仔细观察表面，确认情况后再打开结核。采集需要准备好锤子、军用手套等专业装备。

此外，之前提到的在世界各地发现的双壳贝化石、蛇颈龙化石、鲸类化石等都保存在结核内，双壳贝、蛇颈龙、鲸类，这些动物都是水生动物。非常偶然的情况下，也会在结核中发现恐龙等陆生动物的化石，对此一般认为是动物的尸体落进海里，最后保存在了结核内。

水生动物专家在某地寻找化石时，首先要找结核。大多数情况单从外部观察结核，是无法知晓里面到底有什么。所以，发现结核后“第一步就是打开”是基本操作之一。

这就像是寻宝一般，专家通过宝藏地图般的地质地图，确定含有化石的地层；然后和研究伙伴交换信息，缩小地域范围，确定相关地层是否露出；接着去实地考察。找到被称为“结核”的“宝箱”时的那种兴奋感，以及打开“宝箱”时心跳加速的忐忑真是让人无法抗拒啊。

在大学和研究生时代，我曾去日本北海道进行过野外勘查，体验的正是这种化石寻找方法。寻找化石、记录其出土地点、分析周围地层与化石的关系，大致来说，就是这样的研究。

一般来说勘查都是单人进行，但为了确认勘查进度以及指导新生，老师偶尔会带两个学生一同前来我的研究区域。就在那段时期，我们发现了直径 50 厘米的大型结核。

50 厘米！多数情况下，这种巨大的结核中会有大型化石。这里面究竟会有多大的化石呢？大家都非常兴奋。至于直径 50 厘米的结核的重量……情绪高涨的我们已经不太在意了。我们用停在林荫道上的车将这个挖出来的结核运了回来。

第二天，我拜访了最近的博物馆，借了一个大锤子。结果，由于这个结核实在太大了，手持锤根本无法将其打开。我向专家学习锤子的使用技巧，并花费了大量时间，终于将这个结核成功打开了……结果，里面什么都没有。

这个结核里面，没有任何化石。

我至今都还记得当时四肢无力的虚脱感。其实，像这样辛辛苦苦寻找，然后挖出，成功打开，结果里面是空的的情况并不少见，着实让人的情绪大起大落啊。

01
直径 50 厘米的大型结核
日本宫崎县都城市的采石场里，这么大的结核滚来滚去。由于太大，锤子无法将其打开，用金刚石切割机切开一看，内部没有任何化石残留。日本名古屋大学博物馆馆藏标本。来自日本。

02
乒乓球大小
在日本北海道中川町天盐川河岸的某个特定区域发现的小结核及其周围的岩石。据说内部没有骨骼和壳等化石残留。日本名古屋大学博物馆馆藏标本。来自日本。

各式各样的结核

日本名古屋大学博物馆在 2017 年春季举办了结核主题展。在这里给大家介绍一些我们得到特别准许所拍摄的标本吧。

首先介绍的是像行星一样的圆形结核 01。来自日本宫崎县都城市的古近纪地层，是直径约 50 厘米，重量约 40 千克的大型结核，内部无化石。我在学生时代于北海道发现的结核也是这般大小。

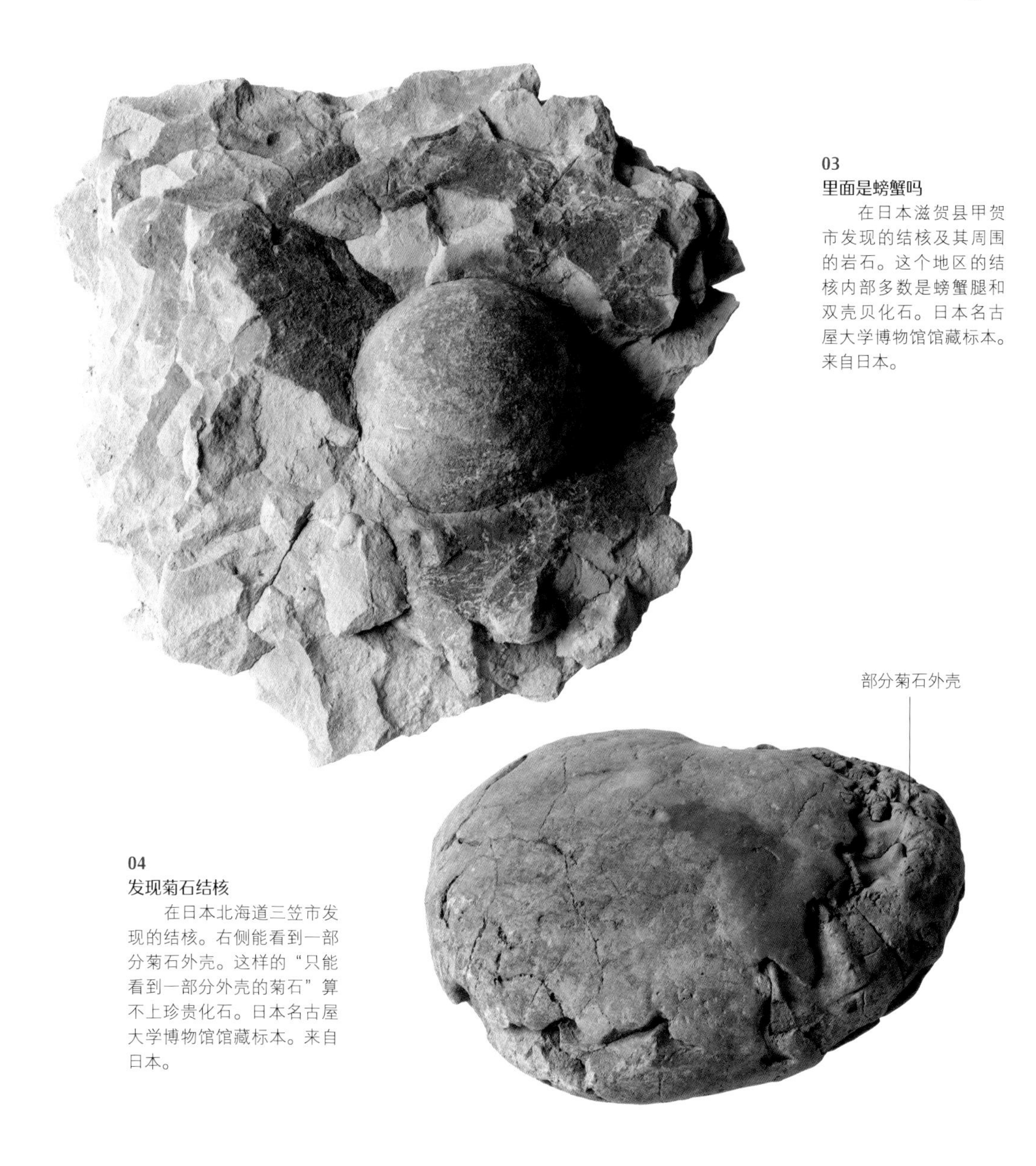

03
里面是螃蟹吗

在日本滋贺县甲贺市发现的结核及其周围的岩石。这个地区的结核内部多数是螃蟹腿和双壳贝化石。日本名古屋大学博物馆馆藏标本。来自日本。

04
发现菊石结核

在日本北海道三笠市发现的结核。右侧能看到一部分菊石外壳。这样的“只能看到一部分外壳的菊石”算不上珍贵化石。日本名古屋大学博物馆馆藏标本。来自日本。

结核各式各样，有直径 50 厘米的大型结核，也有比乒乓球小的结核[02]。在日本北海道中川町天盐川沿岸的白垩纪地层中，有很多直径 1 ～ 2 厘米的结核。虽然看上去像里面什么都没有的样子，但是据说磨光断面的话似乎会有发现。

在日本滋贺县甲贺市的新第三纪中新世地层中发现了几厘米至二十厘米的大小不同的结核[03]，里面大多数都是螃蟹腿和双壳贝化石。

在日本北海道三笠市的白垩纪地层中发现的直径约 15 厘米长的结核，

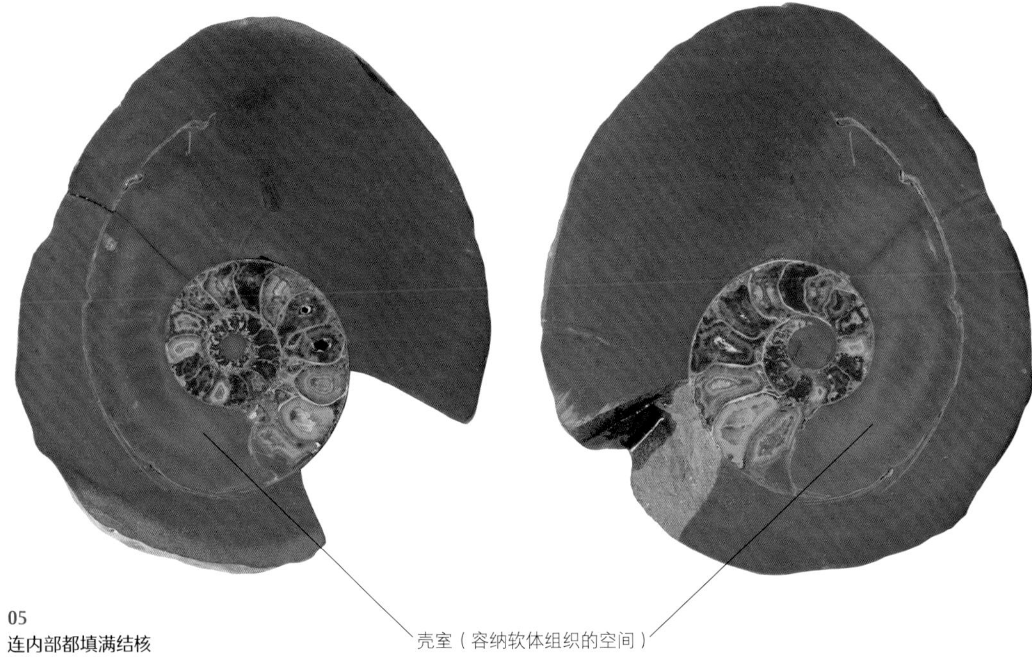

05
连内部都填满结核
英国约克郡地区侏罗纪地层中发现的结核，图片是用金刚石切割机将其切割后的截面图。我们能清楚地看到保存完好的菊石内部构造，连细小的部分都填满了结核。直径 11 厘米。日本名古屋大学博物馆馆藏标本。来自英国。

乍一看和普通的结核没什么不同，仔细一看，有一部分菊石外壳[04]露了出来。这是一个即使不打开也能知道内容物的中奖结核。我在学生时代也找到过类似的结核。发现这种结核时，因为能预知内容物，所以我并没有太多的兴奋感，但总比里面什么都没有好多了。

其中典型的中奖结核，使用金刚石切割机将其切成两半后，还能确认里面所含标本的内部构造。比如，含有菊石[05]的结核中，我们能清楚地看到壳的内部连接着一个小空间，同时，最外圈还有一个特别大的空间。这个空间被称为“壳室”，是容纳菊石软体组织的。

这个主题展最吸引我的是摩洛哥出土的化石，只有壳口部分形成了结核[06]。这个标本与接下来介绍的结核的形成原理有很大关系。这里请留意下。

说起结核的形成原理，就不得不提在日本富山县富山市约 2000 万年前的地层中发现的角贝结核[07]了。角贝没有全部被结核覆盖，它的壳就像动物的尾巴一样从结核里面伸了出来。如果只是一个个体是这种情况，那么可能是偶然变成这样的，但许多结核都是如此。而且，角贝化石越大，其结核也越大。

06
壳口的结核
摩洛哥出土的，直径长达23厘米的菊石化石。只有壳口部分形成了结核，从这一点来看……（欲知后事，请一定仔细阅读本文。）日本名古屋大学博物馆馆藏标本。来自摩洛哥。

07
化石越大，结核越大
日本富山县富山市出土的角贝结核。图片与实物等大。结核大小与角贝大小成正比，角贝越大，其结核也越大。图中最左侧的结核大小约3厘米。日本名古屋大学博物馆馆藏标本。来自日本。

形成速度出乎意料的快

多数结核的主要成分是碳酸钙，也就是碳元素、氧元素和钙元素。按过去的说法，沉入水底的动物尸体周围因某种原因聚集了这些元素，久而久之形成了结核。这个“久而久之”是一个非常模糊的定义，实际上，需要数万年以上的时间。

2015年日本名古屋大学博物馆的吉田英一团队发表的研究报告推翻了这一结论。

08
结核的中心

用切割机将含有角贝的结核以及周围的母岩一分为二。发现角贝的壳口位于结核的中心。

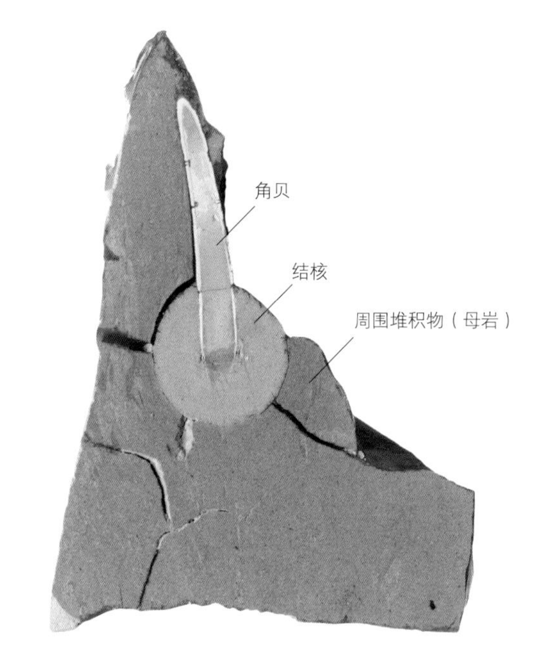

切割前的角贝结核

角贝，正如其名，是一种有“角”的贝壳，生活在海底的砂子和泥土中。由于有现存种，可将其软组织的碳元素与结核的碳元素进行比对。

吉田团队十分关注富山市的角贝结核。他们将含有角贝化石的结核切成两半后，发现结核中心正是壳口的位置[08]。这种情况不只出现在一个标本里，好几个标本都出现了角贝壳口在结核中心的情况。

从这一点出发，吉田团队猜测，形成结核的元素是不是正是这角贝的壳口所提供的，角贝壳口的物质，也就是角贝的软组织。

如果该论点成立，那就能说明为什么角贝化石越大，结核就越大了。化石越大，自然其软组织就越大，这意味着元素也越多，结核自然就越大。

软组织含有构成结核的碳元素和氧元素。吉田团队查明了结核的碳元素与现存种角贝软组织里的碳元素为同一类型。

顺便说一下，构成角贝外壳的碳元素与融入海水的碳元素相同，却与软组织里的碳元素不同。碳元素也有好多种。从这一点来看，结核的材料并非来自外壳。如果结核是以壳为原料形成的话，那么壳自身也会变成结核的一部分，那样就没有壳化石了。这一点，与结核内保存完好的化石矛盾。

如果形成结核的元素来自软组织，那么没有硬组织的动物也可以形

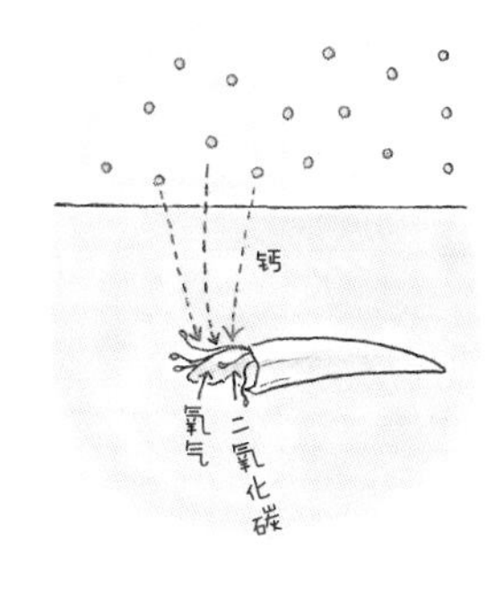

①海水中的钙与软组织的碳酸离子发生反应

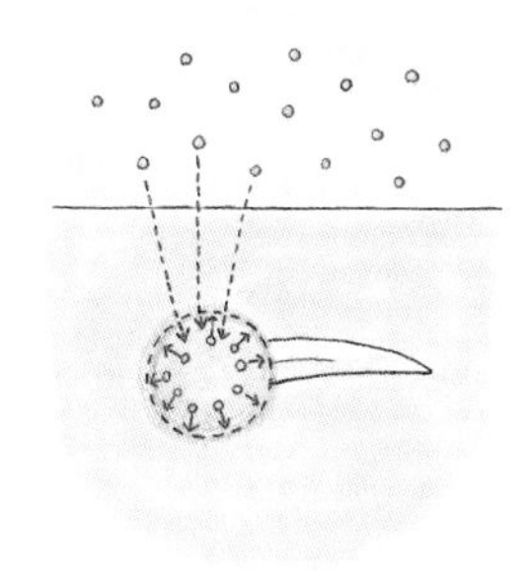

②结核形成

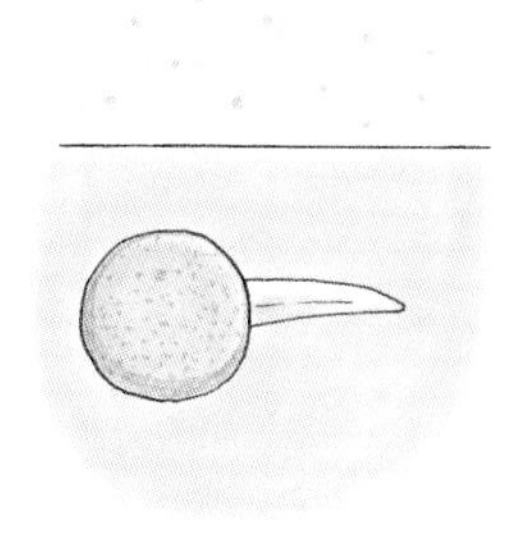

③软组织消失后，结核形成停止

成结核。事实上，之前所说的都城市大型结核以及中川町的小型结核中，没有发现骨骼和壳等化石也说明了结核成分里的碳元素来自生物软组织。都城市的结核里含有约为一只越前水母所含的碳元素。虽然没有骨骼和壳等硬组织，但也并非空的……也就是说，我在学生时代发现的大型结核虽然看上去什么都没有，但如果进行化学分析的话，说不定会有新发现。现在回想起来，实在是可惜啊。

接下来，请回想一下我在本书中介绍过的摩洛哥菊石化石吧。这个菊石只有壳口部分形成了结核，壳口形成结核这一点恰好解释了形成结核的材料的来源。整体没有形成结核的原因可能是中途发生了什么事打断这个过程，或者是该菊石本身软组织就比较小……

那么，结核的主要成分除了碳元素和氧元素外，还有钙元素。钙溶于海水，在水中，软组织腐坏释放出碳元素和氧元素，这些碳元素、氧元素与钙元素反应形成结核。作为释放源的软组织消失不见时，结核的形成就会停止。

那么，这里就有一个疑问了。如果形成结核的元素源自动物的软组织的话，难以想象会需要花数万年的时间才能形成结核。抛开像永冻层那样整个化石被冷冻，即时间冻结的情况不提，这些结核的形成是在海底的泥土中进行的，难道说，尸体的腐败分解也需要耗费数万年的时间吗？

吉田团队从结核的截面构造和碳酸钙形成的反应速度中，成功计算出了结核的形成时间。计算结果是，直径十厘米的结核需要近一年的时间才能形成；直径两米的巨大结核，需要近十年的时间才能形成。按以

形成结核

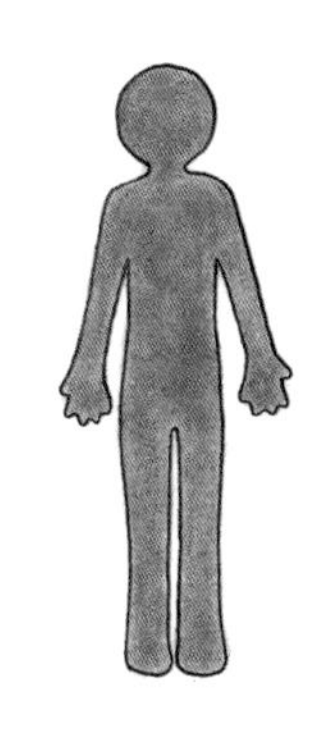

①为了避免碳元素和氧元素在水中扩散，用泥敷满全身。

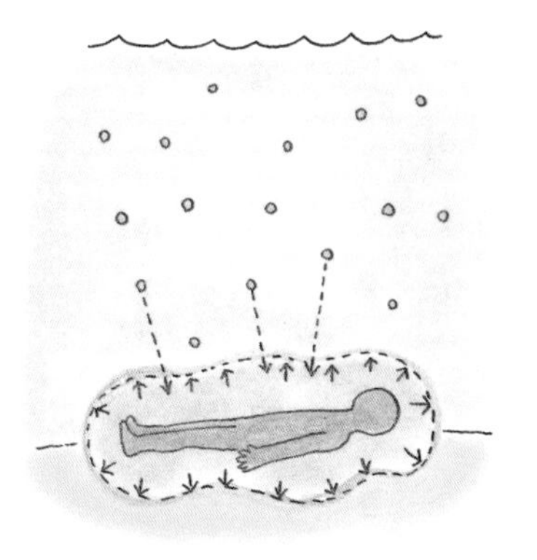

②尽量能稳稳地沉入没有洋流的海底，祈祷不被动物袭击。

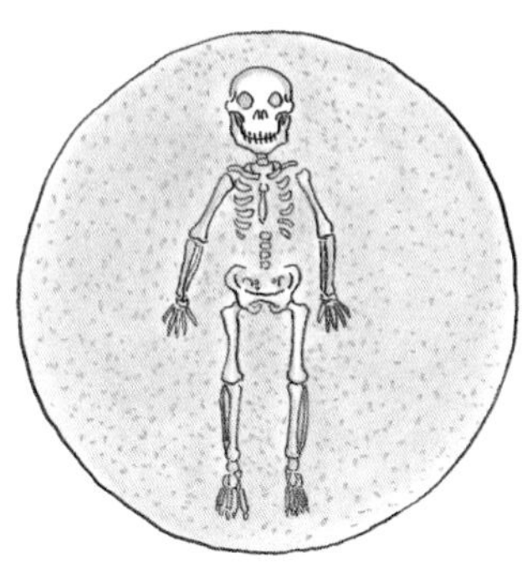

③一切顺利的话，结核开始形成，可能会完全覆盖整个身体。

前化石的时间概念来看，这只是一瞬间而已。

全身裹着泥沉没

如果上述观点无误的话，那么用这种方法形成化石要比想象中简单。如果你想变成化石，你的遗体刚好就是形成结核的元素的来源，那么就不需要本书之前提到的所有形成化石所需的特殊环境。

但是，并非死后直接抛进大海那么简单，因为鱼类等生物会首先蚕食遗体，即使没有鱼，软组织在腐坏分解的过程中释放出来的碳元素和氧元素也会直接在水中扩散开来，烟消云散。为了形成结核，除了与水中的钙元素发生反应外，遗体周围需要持续有碳元素和氧元素的供给。

为了防止遗体被鱼破坏，以及遗体腐坏分解时释放出的物质在海水中扩散，需要将遗体埋进海底的泥土里。泥土含水量越高越理想，像黏土那样的泥就很好。在沉入海底之前，用黏土敷满全身或许是个不错的方法。

一切顺利的话，以你的软组织为原料的结核开始形成，直到你的软组织消耗殆尽后结核形成。本篇介绍的虽然都是无脊椎动物的结核，但也有海洋脊椎动物的结核，比如，鲸鱼和海豚的头部有油脂，因此头部

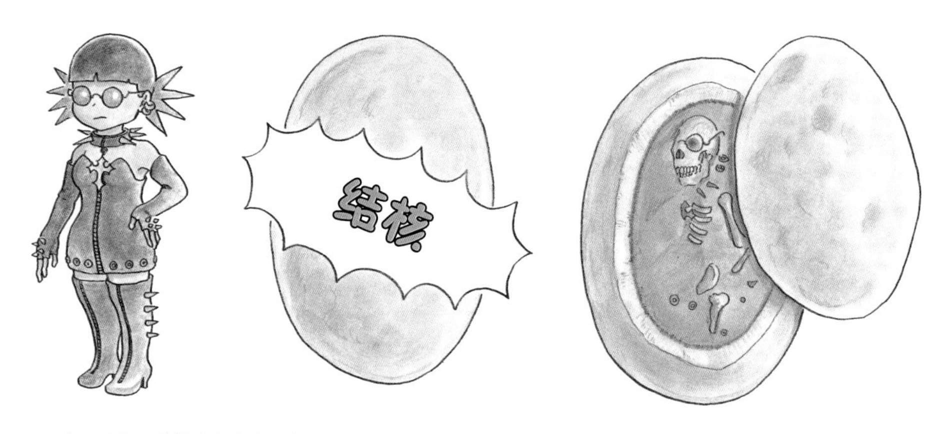

如果选择用结核来保存遗体的话，你可以将眼镜或首饰等小物件带在身上，这样或许会成为一块时尚的化石。顺便说一下，有鲸鱼头部形成的两米级别的结核。那么人可能会形成比人体更大的结核。

会比较容易保留下来。

如果有大量有机物，就会形成大型结核。从这一点来看，胖比瘦更易形成大型结核，全身保存的可能性更高。所以想变成结核，减肥是万万不可的。顺便说一下，错误的减肥方法会给骨骼带来不利影响。如果你想变成化石保留下来，不要盲目减肥。

用这个方法，衣物能否被保留下来取决于衣物的材质，眼镜和戒指等无机物小物件的保存可能性较高，如果随身携带的话，或许会一同留在结核内。

选择几乎没有洋流的海底存放遗体是个不错的主意。最好是在远洋——水深之处。

结核一旦形成，就会成为坚固的“时间胶囊”。通常结核会比周围的地层更坚硬，所以不会被轻易破坏。另外，还能阻止内部和外部化学成分的置换。

之后，计算好适当的时间，从海底将结核打捞上来，顺利切开后就完成了。结核的形成速度很快，无须等待太长时间。失去软组织的你，就这样在结核中出现了。

番外篇

无法重现的特殊环境

软硬组织都保存完好

在加拿大的伯吉斯页岩中发现了一个海洋动物化石层，该地层距今约 5.05 亿年，含有许多古生代寒武纪化石，化石的软组织和硬组织都保存得十分完好。

伯吉斯页岩在科学史上拥有重要的地位。古生代寒武纪是最古老的生物化石时代，伯吉斯页岩鲜明地记录了当时动物的状态。要不是 1909 年美国古生物学者查尔斯·沃尔科特发现这个化石层，毫无疑问我们对寒武纪的解读会更晚。

伯吉斯页岩中的化石，硬组织和软组织都保存完好。带壳的动物比如以爱尔纳虫（*Elrathia*）[01] 和拟油栉虫（*Olenoides*）[02] 为代表的三叶虫化石，以及迪贝拉（*Diraphora*）[03] 等腕足动物化石保存得都很完好。另外，还保存了奥托虫（*Ottoia*）[04] 这样的蠕虫动物以及乌海蛭（*Odontogriphus*）[05] 这样的软体动物化石。至于马尔三叶形虫（*Marrella*）[06]、长形黎镰虫（*Orthrozanclus*）[07]、威瓦亚虫（*Wiwaxia*）[08] 化石中甚至保留着微米级别的细微结构，其身体的颜色也有可能被保存了下来……听到这些专业名词，有的读者可能一头雾水。那就请欣赏这些生物的化石图像和插画吧，能让大家感叹“原来还有这样的化石呀”就足够了。

伯吉斯页岩中，保存最为完好的优质标本是 2002 年英国剑桥大学的尼古拉斯·J. 巴特菲尔德发表的报告中提到的全长几厘米的节肢动物——林乔利虫（*Leanchoilia*）[09]。整体像一辆装甲车，拥有一节节胖墩墩的外壳。特别值得注意的是，其头部延伸出两只触手，触手的顶端有形似长鞭的结构。

该化石标本很好地保留了林乔利虫的特点，它的体轴里有一块原本很软的物质。这种物质的质感既不像外壳，也不像周围的母岩。其他标本也有同样的东西。巴特菲尔德认为该物质是胃内容物。

2018 年，加拿大多伦多大学的卡玛·南格尔和加拿大皇家安大略博

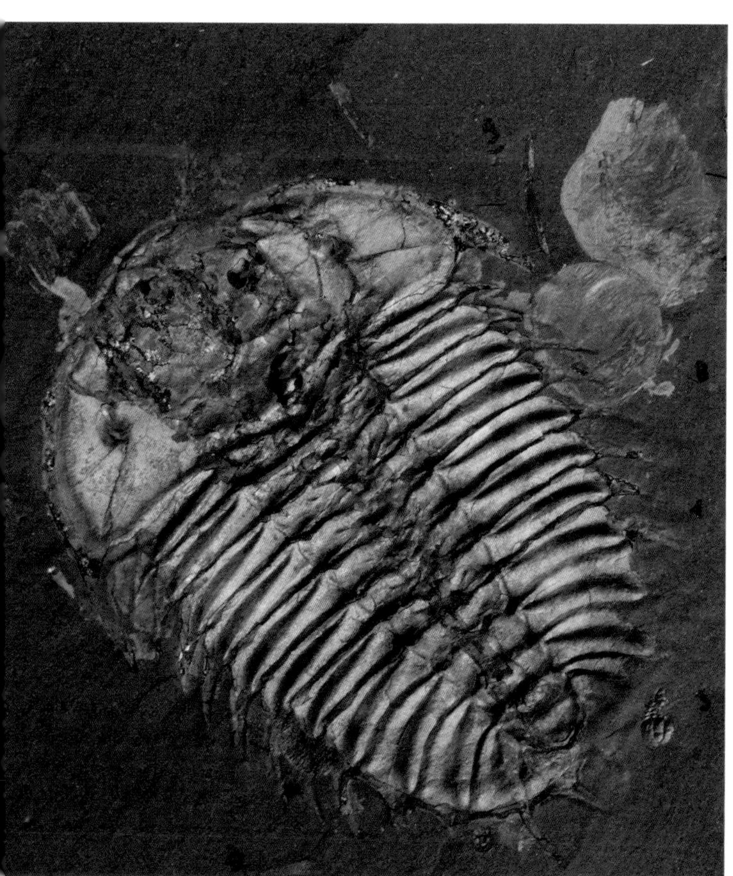

01
爱尔纳虫

三叶虫的一种。外壳坚硬。来自加拿大。

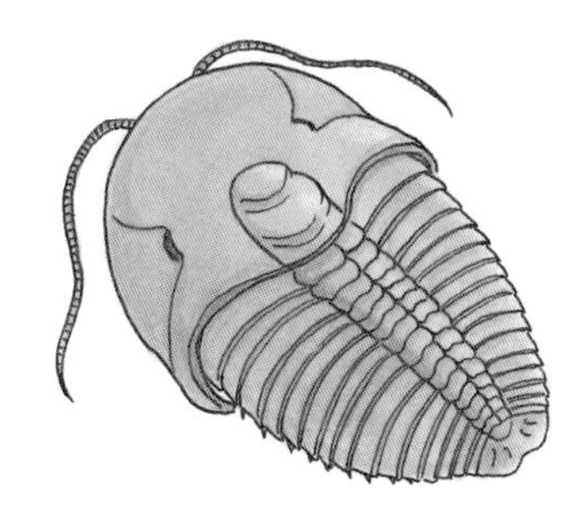

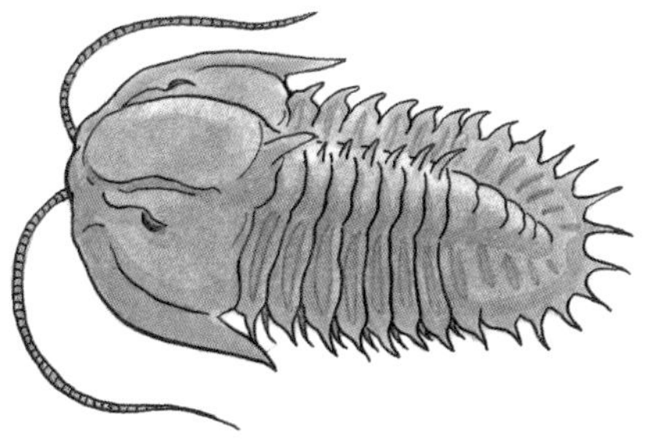

02
拟油栉虫

三叶虫的一种。外壳坚硬。来自加拿大。

03

迪贝拉

腕足动物。外壳坚硬。美国史密森尼国家自然历史博物馆馆藏标本。来自加拿大。

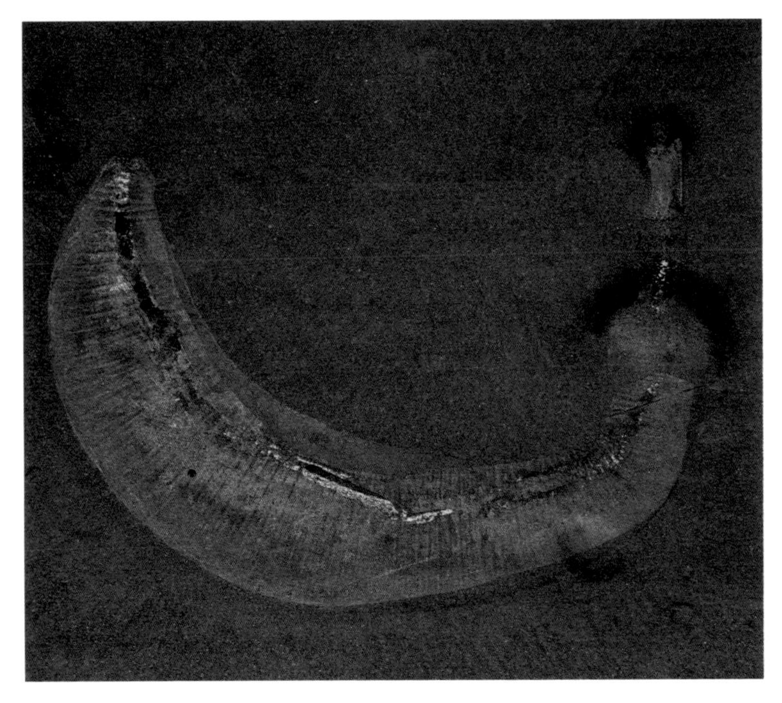

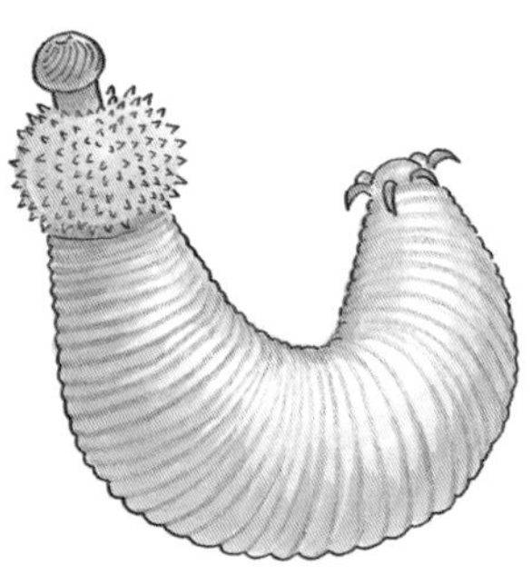

04

奥托虫

鳃曳动物。全身柔软。来自加拿大。

05
乌海蛭
软体动物。全身非常柔软。来自加拿大。

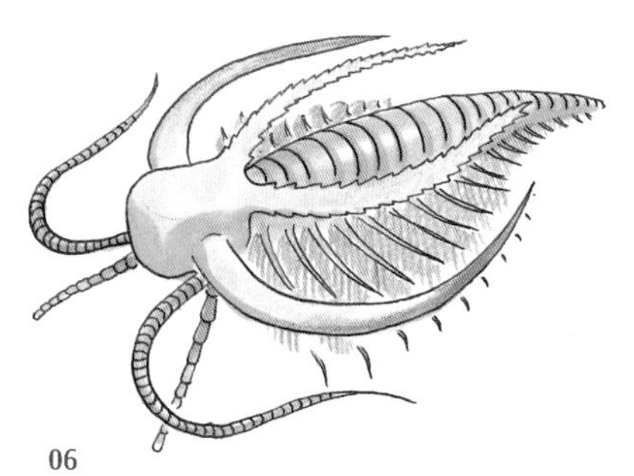

06
马尔三叶形虫
带角的细微结构散发出彩虹般的光芒。来自加拿大。

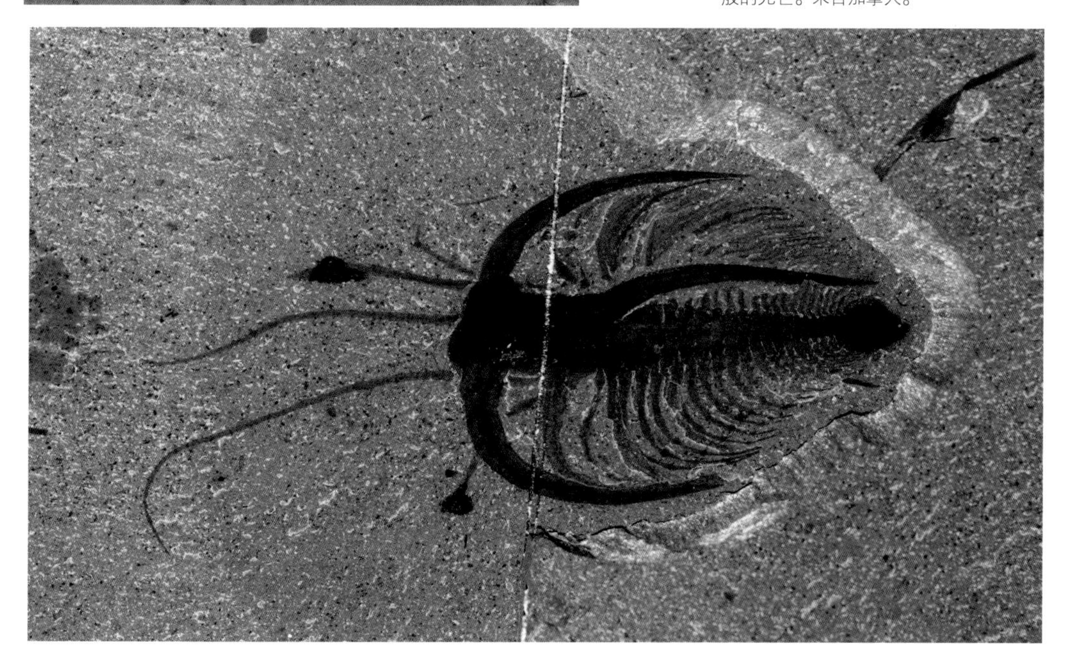

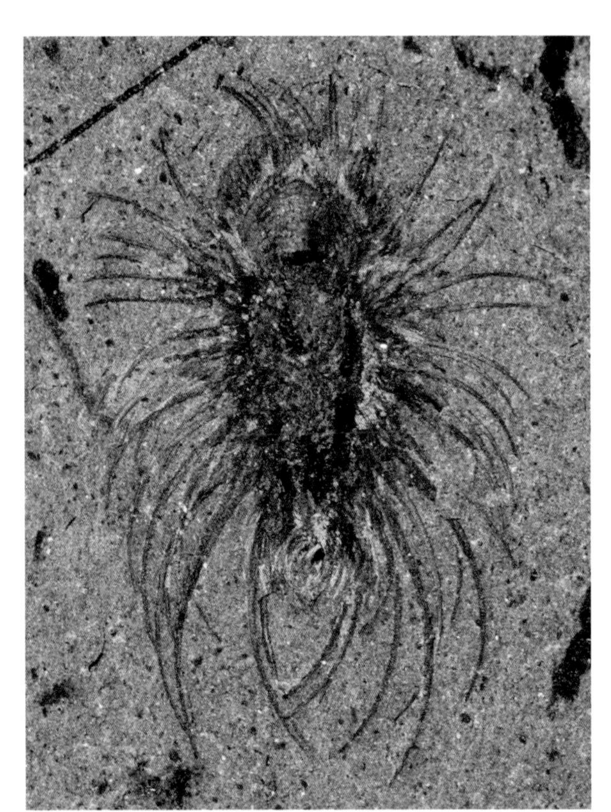

07

长形黎镰虫

全身鳞片细密处呈彩虹色。来自加拿大。

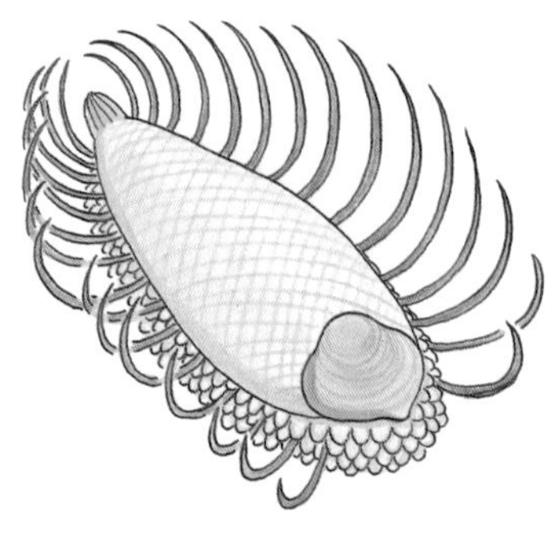

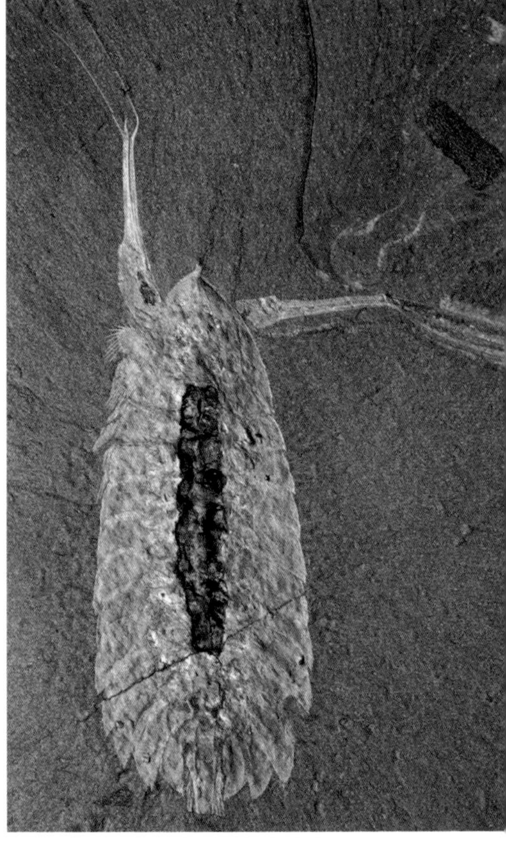

08

威瓦亚虫

全身的细微结构呈彩虹色。来自加拿大。

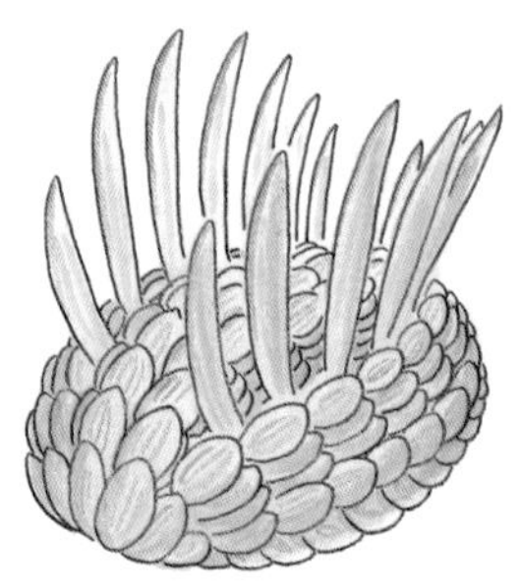

09

林乔利虫

体轴中的黑色物质是胃内容物。来自加拿大。

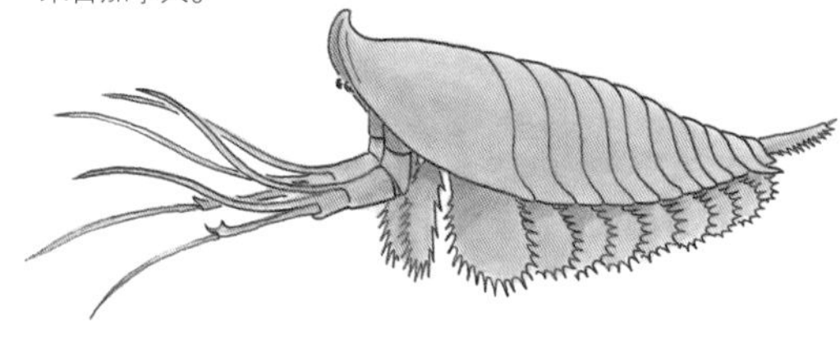

物馆的吉恩·伯纳多·卡隆发现了环形动物（多毛纲，也就是让人起鸡皮疙瘩的无脊椎动物）的新品种刚毛蠕虫（*Kootenayscolex*）[10]，其标本还保留了神经组织。

10
刚毛蠕虫
左图为化石整体图像，中图为其他标本头部放大图，右图是特别显微镜下观测到的神经组织图像。来自加拿大。

除了硬组织和软组织，连胃内容物和神经组织都保留了下来。肯定有读者希望变成这样完美的化石吧。

被送到远方……

伯吉斯页岩中的页岩是一种泥土变硬后形成的岩石。正如文字“页”所表示的那样，往某个方向一敲，就能敲下一块很薄的石板。在这一层面上，和索伦霍芬的石灰岩很相似。

但是，索伦霍芬石灰岩所含化石和伯吉斯页岩所含化石却有很大差异，那就是动物的姿态。

索伦霍芬石灰岩中的化石，动物都保持着非常自然的姿态，比如，虾和菊石都是侧面，始祖鸟是水平朝向或者正面朝上，动物都是以最宽的一面朝上，也就是说，它们都保持着沉入海底时的姿势。

11
各种角度
欧巴宾海蝎（*Opabinia*）化石。有背面的化石（左图，加拿大皇家安大略博物馆馆藏）以及侧面的化石（右图，加拿大地质调查局藏品）。来自加拿大。

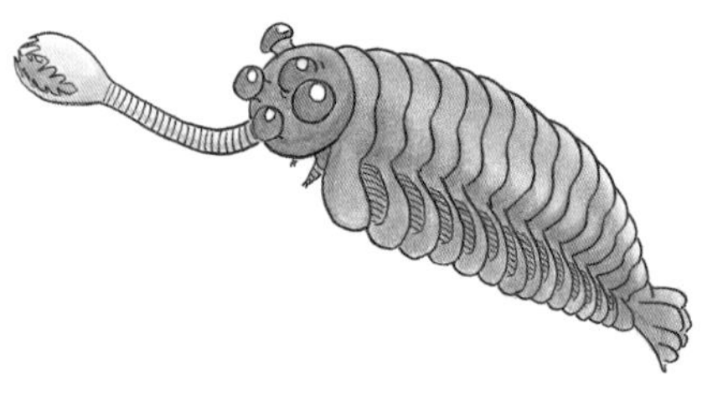

而伯吉斯页岩的化石，动物的姿态和身体的朝向都很随机[11]——有侧向的化石，也有正面朝上的化石，还有俯卧或腹部朝上的化石——并非像索伦霍芬化石那般都是最宽的一面朝上。

在生物复原的过程中，这些随机的姿态起到了很大的作用。虽然有的化石被压成了扁平状，但这些姿态不同的标本，可以帮助我们推测出这些动物的原始形态。

以研究化石形成过程的化石埋葬学观点来看，这些姿态随机的化石正极力暗示着某些不寻常的事，专业术语称为“异地性”。

异地性，正如文字所述，意为地方不同。也就是说，动物死亡的地点和变成化石的地点不同，或者是变成化石后，保存地点有所变动。这一点与本书此前介绍的化石矿床不同。比如，洞穴篇的化石毫无疑问是动物在洞穴中死亡后形成，永冻层篇的化石是动物死亡后就地埋进冻土里得以形成的。

而伯吉斯页岩中的化石，则是泥石将这些化石从原本生活的地方运送到了另一个地方。因此，化石的形态才会是现在这样随机的样子。

本来，这些动物都生活在氧气充足的浅海。在那里，礁石如悬崖峭壁般耸立。

突然，这个悬崖附近的海底崩塌了，从而引发了名为“浑浊流”的海流，浑浊流如雪崩般，将动物们卷入深海。动物们在浑浊流中痛苦挣扎，

卷入浑浊流

①变成伯吉斯页岩化石的生物原本生活在浅海。

②卷入浑浊流。

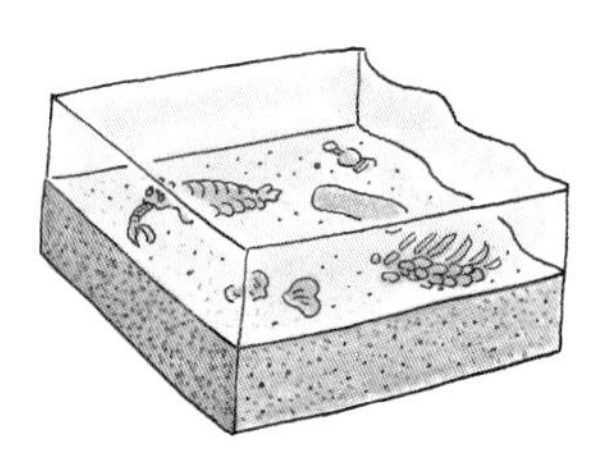
③被带到遥远的地方，变成化石沉积了下来。

最终被泥石掩埋，葬身于深海变成化石沉积下来。

由于崩塌和浑浊流发生的速度很快，动物们被迅速掩埋，阻碍了尸体被细菌分解，加之动物们最后沉没在遥远的深海，那里缺少氧气，很少有其他生物啃食这些尸体，因此，这些动物的尸体就完好无损地保存下来了。

还有一点，卷走动物的浑浊流也起到了很重要的作用。虽然从图片上来看很难理解，但如果倾斜下母岩的角度，你就会看见伯吉斯页岩的化石闪闪发光，这就是光线在含有钙和铝的矿物表面产生的反射。很多文献都指出泥沙中包含这些矿物成分，等于给动物的遗骸裹上了一层涂层。

浑浊流裹着的泥被迅速淹没，以及最后的落脚之处，决定了这些动物的遗骸能否完好无损地保存下来。

神经和大脑都保留了下来

说起寒武纪的化石，比伯吉斯页岩还要早1000万年的中国云南澄江地层中出土的化石也是闻名遐迩。澄江出土的化石虽然不像伯吉斯页岩化石那样动物的姿态各式各样，却也有很多保存完好的化石。

特别值得注意的是，这里有动物的神经也被保存下来的化石。伯吉斯页岩中也有神经保存完好的化石，但澄江出土的化石的神经更为“鲜明”。

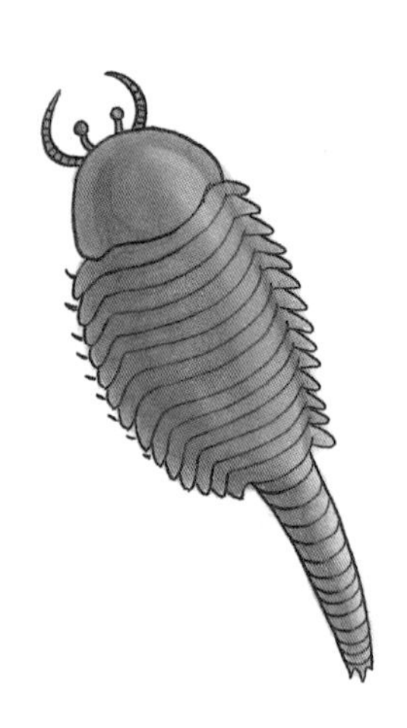

12
抚仙湖虫
头部发黑的部分就是保留下来的神经。来自中国。

2012 年，中国云南大学的马小雅团队发表了关于抚仙湖虫（*Fuxianhuia*）[12] 大脑和视觉神经残留的报告。抚仙湖虫是有着盾一样的头部和一节节胸部及尾巴，全长约 11 厘米的节肢动物。马小雅团队分析指出，其大脑和视觉神经构造与现在的虾、螃蟹以及昆虫类非常相似。

2013 年，日本金泽大学的田中源吾团队发表了视觉神经和中枢神经都保存完好的始虫（*Alalcomenaeus*）[13] 化石的相关报告。这是一只有着葫芦形眼睛和长长触手（附肢），全长约 6 厘米的节肢动物。根据田中团队的分析，始虫的神经系统是节肢动物特有的梯式神经系统，与现在的蝎子和独角仙相近。

再给大家介绍一个例子吧。2014 年，中国云南大学的丛培允团队发表了关于里拉琴虫（*Lyrarapax*）[14] 的报告。里拉琴虫与当时生态链顶端的奇虾（*Anomalocaris*）是近亲。抚仙湖虫和始虫都有与现代动物相似的神经，也就是“演化型神经系统”，与此不同的是，里拉琴虫的脑神经系统更为原始。

从演化史的观点来看，约 5.15 亿年前的寒武纪动物神经具有多样性，这是件意义非凡的事。从化石埋藏学的角度来看，可以说能发现如此久远的神经系统就很值得大书特书了。毕竟，在更近时代的化石里，几乎没有这种连神经都保存下来的化石。

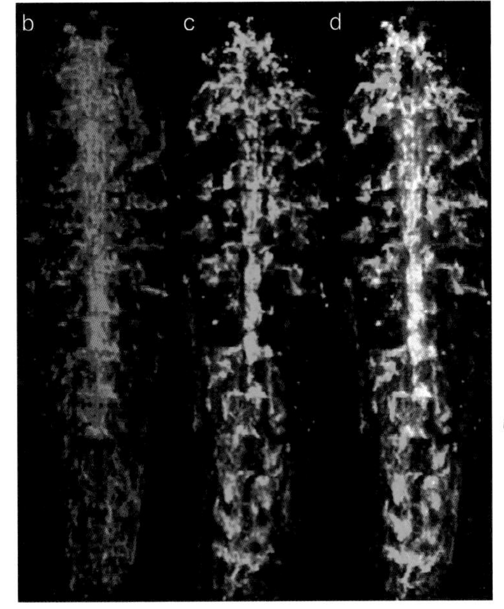

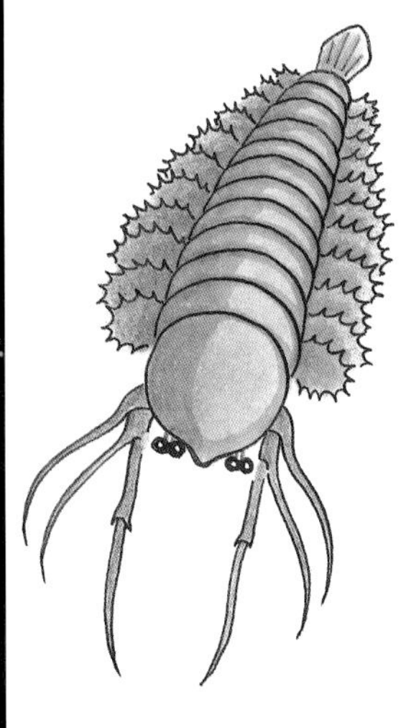

13
始虫
化石照片（a）以及分析后神经清楚可见的图片（b、c、d）。图片b、c、d中呈荧光色的可见部分都是神经。来自中国。

当时的特殊环境

多数伯吉斯页岩里的化石都是比巴掌还小的无脊椎动物。因此，在同样环境中，大型脊椎动物能否保存下来是个未知数。

是和其他动物一样被压得扁扁的还是呈立体状态，硬组织和软组织是否都完好无损地保留下来，目前都不得而知。如果尝试的话，就只能在类似海域中期待发生浑浊流将遗骸运到深海，然后埋葬在海底。

澄江的化石和伯吉斯页岩的化石略有不同。与伯吉斯页岩化石千奇百怪的姿态不同的是，澄江的多数化石都用最平坦的一面与地层贴合。从这一点来看，澄江并没有浑浊流将生物遗骸运走，遗骸也没有过大规模移动。

在有关澄江生物群化石的一份资料中，总结记录了澄江动物形成化石的过程。澄江化石除了之前所说的神经组织外，附肢等软组织也保存得相当完好。从介绍的各种缘由来看，原因可能是当时澄江海底的氧气不足。由于没有氧气，分解软组织的细菌无法生存，因此遗骸才能完好无损地保存下来。无氧环境，从某种意义来说，是保存优质化石的好方法。

但是，在石板篇也提到过，这样的无氧环境并不是说有就有。正如刚才提到的，澄江的化石是在离原生活圈不远的地方形成。生物在死亡

14
里拉琴虫
发黑的部分就是留下的神经。来自中国。

之前一直都在那里生活着，也就是说当时的环境氧气充足。因此，有可能是本书中提到过的其他原因，比如堆积物流入海底瞬间将生物淹没或者氧气不足的海水流入导致生物死亡。

无氧环境下的保存，这在石板篇介绍的索伦霍芬等其他地方也都可以见到。那为何澄江的化石连神经都能保存下来，这点无从得知。与伯吉斯页岩的例子不同，要想试着再现澄江的例子，目前所知的有效信息

还太少。

但无论大家是想成为页岩类型的化石还是澄江类型的化石，都有一个不太好的消息。有人指出在现代海洋里，想要形成同样级别的化石是不可能的。2012年，美国波莫纳学院的罗伯特·R. 盖尼斯团队发表了通过分析伯吉斯页岩和澄江地层寻找化石保存原理的相关研究。

盖尼斯团队指出，生物遗骸被细小的颗粒迅速埋没，切断了氧气的供给。此外，当时海水的化学成分对化石保存可能也起到了重要作用。寒武纪时期的海水硫酸成分含量少，含钾量高，总之有各种各样的特殊情况。

如果盖尼斯的观点正确，那么在现在的海洋环境下，即使真的被浑浊流卷走带到无氧的深海，由于无法形成矿物表面，也就不能像伯吉斯页岩化石那样保存下来。至于澄江，由于信息太少，很难复制。

真是非常遗憾。

后记

如果你是未来的研究者

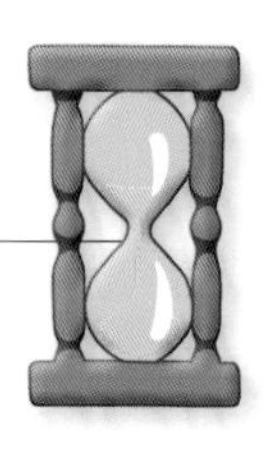

最好能保留头部

本书介绍了好几种化石形成的方法，如果其中有一种能吸引你的话，那就达到了本书的目的之一。

如果，你想亲自挑战本书介绍的方法，变成化石被未来的人类或者未知的高等智慧生物发现，成为他们的研究对象的话……那就属于人类学的研究领域了。最后，关于人类化石保留这一点，本书也收集了相关专家的意见。

我们人类全身共有200多块骨头。通过本书，你也了解了要想保留人形大小的全身化石，就需要符合相应的条件。如果优先选择某个部分变成化石，或者按优先顺序变成化石的话，究竟应该选择身体的哪个部位呢？

在日本国立科学博物馆人类研究部研究人类化石的海部阳介先生断言道："首选头部。"

说到人类，有地猿（*Ardipithecus ramidus*）、南方古猿、能人（*Homo habilis*）、直立人（*Homo erectus*）、尼安德特人（*Homo neanderthalensis*）等各种类型。现在说到人类，一般是指我们智人（*Homo sapiens*）。过去光人属宗族都有十几种。而各种人属最重要的差异就是头部。

人属按头部分类定义。换言之，如果无法留下头部的话，有可能无法确定你是不是属于智人。

作为分类的关键，头部可提供很多信息，比如牙齿——因为表层是坚硬的牙釉质，所以牙齿化石很容易保留下来。从牙齿的形状可以大致推断出该动物是草食、肉食还是杂食。另外，可以通过化学成分分析，了解到人类是按照什么样的比例进食肉类、碳三植物（稻子、小麦、大豆等）、碳四植物（甘蔗、玉米等）、淡水鱼、海鱼等食物的。

再比如头盖骨，有头盖骨在，就可以推测动物的脑容量。虽然脑容量是否直接与聪明程度相关这点还有待研究，但可以确定动物脑容量的相关信息。后世人类以及未来的高等智慧生物可以通过我们的头盖骨推测我们的脑容量，然后和他们的相比较，进而展开各式各样的研讨。

露西的“误导”

在目前已知的人类化石中，最著名的标本就是露西了。该化石于1974年在埃塞俄比亚境内约320万年前的地层中被发现，属于南方古猿。“露西”这个昵称源自发掘现场录音机播放的披头士名曲《天空中佩戴钻石的露茜》（*Lucy in the Sky with Diamonds*）。

当时所知的古人类化石中，露西是全身保存率最高的。即使在现在，她也因极高的保存率闻名遐迩。该化石从头骨、手臂、肋骨到骨盆、脚，各个部分保存得十分完整。

我们可以通过这个人类化石保存下来的各个部分，了解南方古猿的各种信息。比如，与智人相比，南方古猿的特点之一是手臂较长，这正是因为保存了手臂以及可以与之做比较的大腿骨才能推测出。

露西的发现加深了人类对南方古猿的了解。正如之前所说，虽然按部位来讲，最希望保存的是头部，但如果全身都能保留的话那简直堪称完美。

露西几乎全身保留的状态已经非常让人惊叹了，除此之外，她某些个体特征曾被认为是南方古猿的代表，比如身高和体重。露西身高1米，体重约30千克——身高还不到五岁孩子的平均身高，体重接近小学三年级学生的平均体重——总体来说身材矮小。

但是，这对南方古猿来说也算是矮小的，也有身高近1.5米，体重超过40千克的南方古猿，这个数值相当于小学六年级学生的平均值。五岁孩子和小学六年级学生，差得好像有点远呢。

从露西的例子来看，单一的化石个体无法说明种类的整体情况。要想让未来的高等智慧生物对我们智人有一个明确认知的话，只有你一个人变成化石是远远不够的。发现的个体化石越多，就越容易互相比对，从而清楚地认识到雌雄体形的不同，这样才能了解智人种类的体形，进而拆解其社会形态。海部先生说：“如果能集体变成化石，那对科学研

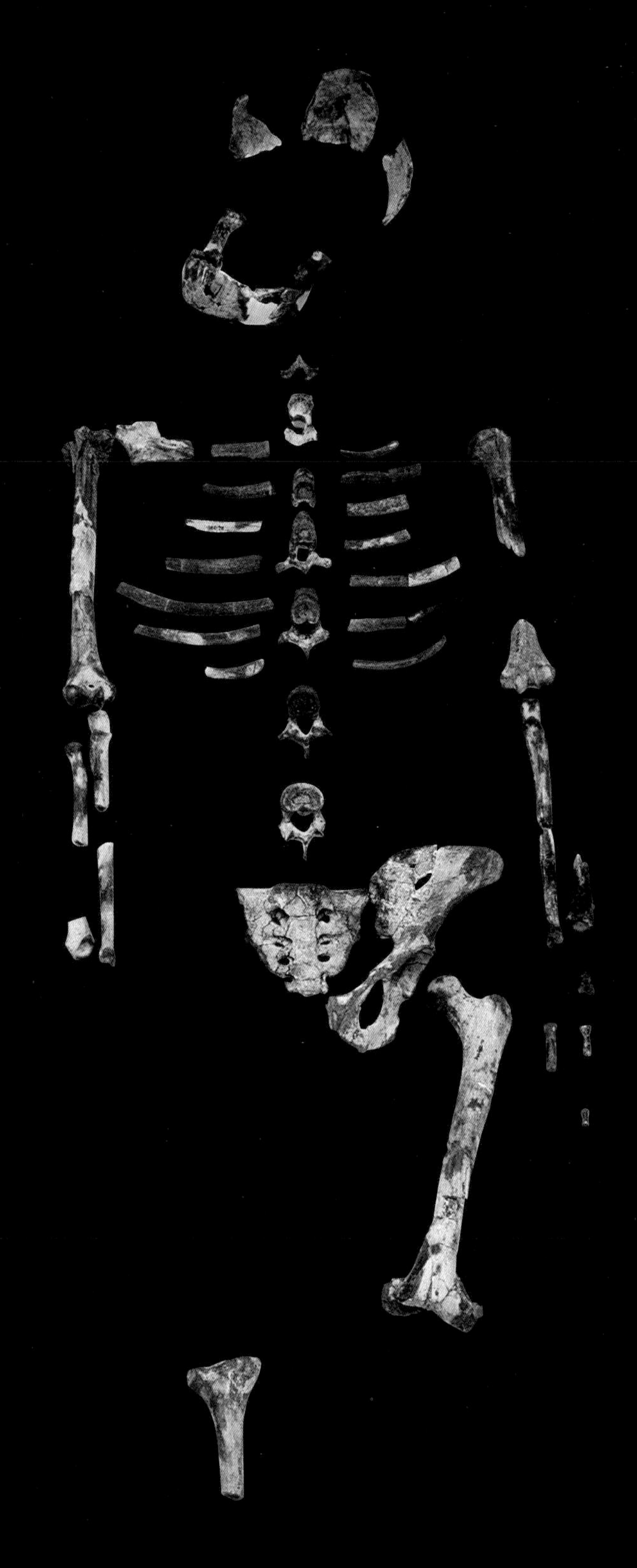

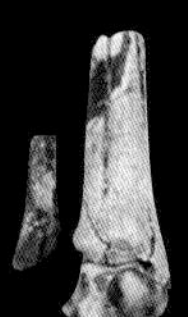

01

露西

如果想成为化石保存下来的话，想不想比露西更出名？来自埃塞俄比亚。

究可大有裨益。”

保持平常心

虽说集体变成化石对未来研究有益，但如果在骨头容易混淆之处变成化石的话就不一样了。因为把个体化石分拣开来正确拼凑是件非常困难的事，所以需要注意化石的间距。

虽不知你的化石何时能被发现，但如果能留下 DNA 的话（前提是未来的人类或者高等智慧生物拥有 DNA 解析技术），传递的信息就更多了，为了达到这个目的，就需要在寒冷的地方变成化石。海部先生表示，像印度尼西亚这样温暖的地区出土的人类化石，其 DNA 已经遭到破坏，解析起来非常困难。在以酸性土壤为主的日本，也无法在自然状态下变成能保存 DNA 的化石。当然，更不能火葬，火葬后的骨灰几乎无法提供任何信息。

也无须刻意留下些什么作为陪葬品，对此海部先生表示：“从研究者的立场来看，没有陪葬品这一点也是重要的信息。”

当我问海部先生“您作为人类学专家，对想变成化石的人有什么建议吗”时，他苦笑着回答：“请不要做出格的以及特殊的事，容易误导研究。”

比如专门在从未去过的地方变成化石；为了留作纪念，将自己和从未拥有过的东西一同特意做成化石等特殊的事情，这会影响研究者的判断，请尽量保持日常状态。

最后，本书就写到这儿啦。

看了本书奇奇怪怪的内容后，大家感觉如何？想象一下当自己和自己最珍贵的东西经过长年累月变成化石后，在遥远的未来重见天日的场景，这是一件多么具有科学意义的事。本书的目的就是让读者享受“知识的乐趣”。如果你真的想通过实践尝试变成化石，请注意不要触碰本书开篇所提到的法律底线。

学名一览

学名	生物名
Agnostus	舟形球接子三叶虫
Alalcomenaeus	始虫
Allaeochelys crassesculpta	丽龟
Anomalocaris	奇虾
Aquilonifer spinosus	风筝携带虫
Archaeopteryx	始祖鸟
Ardipithecus ramidus	地猿
Argentinosaurus	阿根廷龙
Australopithecus	南方古猿
Bison antiquus	古风野牛
Bison priscus	西伯利亚野牛
Bredocaris	殖虾
Calamopleurus	卡拉门普鱼
Cambropachycope	寒武厚桨虾
Canis dirus	恐狼
Colymbosathon ecplecticos	惊奇巨茎泳虫
Crocuta crocuta spelaea	洞鬣狗
Darwinius masillae	麦塞尔达尔文猴
Diraphora	迪贝拉
Elrathia	爱尔纳虫
Equus. sp	马
Eurohippus messelensis	醉酒的小马
Fuxianhuia	抚仙湖虫
Geiseltaliellus maarius	盖塞尔蜥
Goticaris	哥特虾
Hesslandona	赫多纳虫
Homo erectus	直立人
Homo habilis	能人
Homo naledi	纳莱迪人
Homo neanderthalensis	尼安德特人
Homo sapiens	智人
Knightia	艾式鱼
Kootenayscolex	刚毛蠕虫
Leanchoilia	林乔利虫
Lyrarapax	里拉琴虫
Mammut americanum	美洲乳齿象
Mammuthus columbi	哥伦比亚猛犸象
Mammuthus primigenius	真猛犸象
Marrella	马尔三叶形虫
Mesolimulus	中鲎
Odontogriphus	乌海蛭
Offacolus Kingi	奥法虫

学名	生物名
Olenoides	拟油栉虫
Opabinia	欧巴宾海蝎
Orthrozanclus	长形黎镰虫
Ottoia	奥托虫
Palaeopython fischeri	费氏古蟒
Panthera atrox	美洲拟狮
Panthera spelaea	洞狮
Pumiliornis tessellatus	嵌合侏鸟
Rhacolepis	棒鞘鱼
Sciurumimus	似松鼠龙
Shergoldana	谢氏虫
Smilodon fatalis	加州刃齿虎
Succinilacerta	琥珀蜥
Tietea singularis	铁茶树蕨
Triarthrus	三节分虫
Tyrannosaurus	霸王龙
Ursus spelaeus	洞熊
Wiwaxia	威瓦亚虫

图书在版编目（CIP）数据

我一定要成为化石：化石形成的12种方法 / (日)土屋健著；姚博引译. -- 海口：南海出版公司，2024.5

ISBN 978-7-5442-9087-6

Ⅰ.①我… Ⅱ.①土… ②姚… Ⅲ.①化石—普及读物 Ⅳ.①Q911.2-49

中国版本图书馆CIP数据核字(2022)第211970号

著作权合同登记号 图字：30-2021-074

WO YIDING YAO CHENGWEI HUASHI: HUASHI XINGCHENG DE 12 ZHONG FANGFA
我一定要成为化石：化石形成的12种方法

策划制作：北京书锦缘咨询有限公司
总 策 划：陈　庆
策　　划：姚　兰

作　　者：［日］土屋健
监　　修：［日］前田晴良
译　　者：姚博引
责任编辑：张　媛
排版设计：柯秀翠
出版发行：南海出版公司 电话：（0898）66568511（出版）（0898）65350227（发行）
社　　址：海南省海口市海秀中路51号星华大厦五楼 邮编：570206
电子信箱：nhpublishing@163.com
经　　销：新华书店
印　　刷：昌昊伟业（天津）文化传媒有限公司
开　　本：710毫米×1000毫米　1/16
印　　张：10.75
字　　数：242千
版　　次：2024年5月第1版　　2024年5月第1次印刷
书　　号：ISBN 978-7-5442-9087-6
定　　价：76.00元